亲情力

周正森·著

可怜天下父母心

慈母手中线，游子身上衣

中国出版集团 现代出版社

图书在版编目(CIP)数据

亲情力:可怜天下父母心 / 周正森著. —北京：现代出版社，2014.2
(2021.3 重印)

(身心灵魔力书系)

ISBN 978 - 7 - 5143 - 1975 - 0

Ⅰ.①亲… Ⅱ.①周… Ⅲ.①情感－青年读物②情感－少年读物
Ⅳ.①B842.6 - 49

中国版本图书馆 CIP 数据核字(2014)第 029934 号

作　　者	周正森	
责任编辑	王敬一	
出版发行	现代出版社	
通讯地址	北京市安定门外安华里 504 号	
邮政编码	100011	
电　　话	010 - 64267325 64245264(传真)	
网　　址	www.1980xd.com	
电子邮箱	xiandai@ cnpitc.com.cn	
印　　刷	河北飞鸿印刷有限责任公司	
开　　本	700mm×1000mm　1/16	
印　　张	11	
版　　次	2014 年 2 月第 1 版　2021 年 3 月第 3 次印刷	
书　　号	ISBN 978 - 7 - 5143 - 1975 - 0	
定　　价	39.80 元	

P 前 言
REFACE

为什么当代的青少年拥有幸福的生活却依然感到不幸福、不快乐？怎样才能彻底摆脱日复一日的身心疲惫？怎样才能活得更真实快乐？

对于每个人来讲，你可能是幸福的、满足的，也可能是不幸福的。因为你有选择的权利。决定你选择的因素只有一点，那就是你是接受积极的还是消极心态的影响。而这个因素是你所能控制的。

你是否觉得烦恼、孤寂、不幸、痛苦？你是否感受过快乐？你是否品尝过幸福的味道？烦恼、孤寂、不幸、痛苦、快乐、幸福，这些都是形容词，而所有的形容词都是相对而言的。没尝过痛苦，又怎知何谓幸福的人生？总是到紧要关头才发现，幸福早就放在自己的面前。人的幸福，是人们对它的理解和感觉所赋予的，其实，幸福与否只在于你的心怎么看待。不幸又岂非人生之必经？有时候很奇怪，每每拥有幸福的时候，人往往不懂得这些就是幸福，总是要到失去以后才发现，幸福早就放在了自己的面前。

肚子饿坏时，有一碗热腾腾的面放在你眼前，是幸福；累得半死时，有一张软软的床让你躺上去，是幸福；哭得伤心欲绝时，旁边有人温柔地递过来一张纸巾，是幸福……幸福没有绝对的定义，幸福只是心的感觉。幸福与否，只在于你的心怎么看待。你要是总感觉自己钱没有别人多，地位没有别人高，妻子没有别人的漂亮，丈夫没有别人的体贴，孩子没有别人的聪明，你能感到幸福吗？

　　越是在喧嚣和困惑的环境中无所适从，我们越觉得快乐和宁静是何等的难能可贵。其实"心安处即自由乡"，善于调节内心是一种拯救自我的能力。当人们能够对自我有清醒认识，对他人宽容友善，对生活无限热爱的时候，一个拥有强大的心灵力量的你将会更加自信而乐观地面对现实，面向未来。

　　本丛书将唤起青少年心底的觉察和智慧，给那些浮躁的心清凉解毒，进而帮助青少年创造身心健康的生活，来解除心理问题这一越来越成为影响青少年健康和正常学习、生活、社交的主要障碍。本丛书从心理问题的普遍性着手，分别描述了性格、情绪、压力、意志、人际交往、异常行为等方面容易出现的一些心理问题，并提出了具体实用的应对策略，以帮助青少年朋友科学调适身心，实现心理自助。

C目　录
ONTENTS

第三章 不需回报的付出

第四章 让理解相随

第五章 美德似碑

第六章　宽容是首诗

第七章　呵护那份温暖

第八章　牵挂是一种幸福

第九章　善待亲情

第十章　亲情的力量

第一章
感悟亲情

　　母亲其实是一种岁月，从绿地流向一片森林的岁月，从小溪流向一池深湖的岁月，从明月流向一片冰山的岁月。

　　随着生命的脚步，当我们也以一角鱼尾纹，一缕白发在感受母亲额头的皱纹、母亲满头白发的时候，我们有时竟难以分辨，老了的，究竟是我们还是母亲，还是我们的岁月？我们希望留下的究竟是那铭心刻骨的母爱，还是那点点滴滴、风风仆仆、有血有泪的岁月？岁月的消逝是无言的，当我们对岁月有所感觉时，一定是在非常沉重的回忆中。

谁言寸草心,报得三春晖

有一种爱,伟大而平凡,如润物春雨,似拂面和风;有一份情,无私而博大,绵绵不断,情谊深长。这就是母爱,永远都是不求回报,无私地付出。在许多人记忆的殿堂里,妈妈一直都是你最忠实的后盾,每一步的成长,都在妈妈慈爱的目光中长大;每一次的成功,都在妈妈欣慰的笑容中度过。小的时候,一部《妈妈再爱我一次》的电影,让多少人流下了泪水;一首《世上只有妈妈好》的歌曲,唱出了多少人的心声。母爱是首无言的歌,总会在某个午后、某个黄昏、某个黑夜,轻轻响起,母爱是幅淡淡的画,总会在某个陌生街头、某个陌生小站、某个异乡旅店,在你最失意、最需要求助的时候,闪现在眼前……

孩子时候的泪水落满了母亲的衣襟,初次学走路的时候握紧了母亲的双手。母亲的年轮,记载着你人生的轨迹;母亲的四季,牵挂着你在外的冷暖。母爱是那把始终为你撑着的伞,暴雨袭来才突然发现母亲的艰辛;母爱是你身后坚定的目光,蓦然回首才看到母亲守望的身影。

母亲给了你生命,给了你善良,更给了你一个永远的家。回到母亲身边,起得再晚,也会有精心为你准备早餐;手脚再懒,也会有干干净净、整整齐齐的衣衫放在枕边。母爱最真、最纯,她的一切,早已融入儿女的衣食起居,融入日常的点点滴滴,让生命沐浴着爱的光辉健康成长;母爱最深、最沉,无论经历多少风霜雪雨,无论承受多少误解委屈,对儿女的挚爱从不改变。每一个喜庆的日子,都会有母亲更加忙碌的身影;每一样普通的饭菜,都包含着母亲细腻的心思。母爱简简单单,平平常常,从来没想过什么回报,却让生命在仁爱中延续、传承;母爱坚忍不拔,无怨无悔,母性的慈爱常常会超越血缘,创造出一个个奇迹。有位捡破烂的母亲毫不犹豫地将自己的肾捐给了患尿毒症的儿子;还有一位母亲收养了一个脑瘫的孩子,不仅视如己出,而且不去理医生的断言,硬是让铁树开了花,让低能弱智的孩子也考入了高等学府……

亲情力——可怜天下父母心

儿女的目光总是向着最美的远方,母亲的目光却总是落在儿女身上,常常会忘记自己。**母亲已习惯了儿女的疏忽,那颗心却追随着儿女漂泊不定。儿女的生日喜好让母亲如数家珍,儿女的一颦一笑更是母亲最大的欣慰。母亲是一种岁月,少年的时候,对母亲是一种依赖。青年的时候,对母亲也是一种盲目的爱。也许只有当生命的太阳走向正午,人生有了春也开始了夏,对母亲才会有深刻的理解,深刻的爱。**

我们也许突然感悟,母亲其实是一种岁月,从绿地流向一片森林的岁月,从小溪流向一池深湖的岁月,从明月流向一片冰山的岁月。随着生命的脚步,当我们也以一角鱼尾纹,一缕白发在感受母亲额头的皱纹、母亲满头白发的时候,我们有时竟难以分辨,老了的,究竟是我们还是母亲,还是我们的岁月?我们希望留下的究竟是那铭心刻骨的母爱,还是那点点滴滴、风尘仆仆、有血有泪的岁月?岁月的消逝是无言的,当我们对岁月有所感觉时,一定是在非常沉重的回忆中。而对母亲的牺牲真正有所体会时,我们也一定进入了付出和牺牲的季节。有时我们在想,作为母亲,仅仅是养育了我们吗?倘若没有母亲的付出,母亲的牺牲,母亲博大无私的爱,这个世界还会有温暖、有阳光、有我沉甸甸的泪水吗?

我们终于长大了,从一个男孩变成一个男人;从一个女儿变成一个母亲。当我们以为肩头挑起责任也挑起命运的时候,当我们似乎可以傲视人生的时候,也许有一天,我们突然发现,我们白发苍苍的母亲正以一种充满无限怜爱,无限关怀,无限牵挂的目光在背后注视着我们。我们会在刹那间感到,在母亲的眼里,我们其实永远没有摆脱婴儿的感觉,我们永远是母亲怀里那个不懂事的孩子。

我们往往是在回首的片刻,在远行之前,在离别之中,才发现我们从未曾离开过母亲的视线,离开过母亲的牵挂。"谁言寸草心,报得三春晖。"我们总在想,我们又能回报母亲什么呢?母亲是一种岁月,无论是个人的也许平庸也许单纯的人生体验,还是整个社会前进给我们的教诲和印证,在绝无坦途的人生旅途,担负最多痛苦,背着最多压力,咽下最多泪水,仍以爱,以温情,以慈悲,以善良,以微笑,对着人生,对着我们的,只有母亲!永远的母亲!没有母亲,生命将是一团漆黑;没有母亲,社会将失去温暖。那时在我们认为生命最艰难的时刻,面对打击,面对失落,以为完全失去了。就在那一刻,是母亲的一句话,让我们重新启程。看着我们掩饰不住的沮丧,母亲说,该知足了!日子还长!于是我们便理解了深奥的道理,为什么这么多哲人智士,将伤痕累累的民族视为母亲,将涛声不断的江河视为母亲,将广阔无垠的大地视为母亲。因为能承受的,母亲都承受了;该付出的,母亲都付出了。**而作为一种岁月,母亲既是民族的象征,也是爱的象征。也许因为我们无以回报流淌的岁月所赐予的,所以,我们无时无刻不在爱着我们的母亲。**

在我们眼里母亲是一种永远值得洒泪的感怀的岁月,是一篇总也读不完的美好故事。

魔力悄悄话

也许有一天,我们突然发现,我们白发苍苍的母亲正以一种充满无限怜爱,无限关怀,无限牵挂的目光在背后注视着我们。我们会在刹那间感到,在母亲的眼里,我们永远是母亲怀里那个不懂事的孩子。

善待父母

这个世界上，有一种情，与生俱来，血脉相连，不以贫富贵贱而改变，不以个人喜好厌恶而取舍，这就是亲情；有一种爱，亘古绵长，无私无欲，不因季节变化而更替，不因名利浮沉而亲疏，这就是父母之爱。父母给了我们发肤之身，无私地把我们哺育，竭尽所能促我们成长！为报答父母之恩，自古以来，孝敬父母即成为我中华民族倡导的优良传统。

"人孰能不老，百事当以孝为先"，从远古看，孔子提出"夫孝，天之经也，地之义也，民之行也""人之行，莫大于孝""教民亲爱，莫善于孝""夫孝，德之本也"；唐玄宗还亲为《孝经》作注，《孝经》上讲"孝子之事亲也，居则致其敬，养则致其乐，病则致其忧，丧则致其哀，祭则致其严，五者备矣，然后能事亲"，敬亲、奉养、侍疾、立身、谏诤、善终成为我们为人之子应尽之责；在近代，毛泽东也曾说过："连父母都不肯孝敬的人，还肯为别人服务吗？"可见从古至今，无论是圣人、明君还是伟人都将孝敬父母视为人生的头等大事。

但是，在经济高度发展的今天，天下熙熙，皆为利来，天下攘攘，皆为利往！我们却常常以忙碌为由，在不经意间忽视了去关心、关爱我们的父母，对此他们并不作过多要求，而总是替我们找一些理由：孩子们事业心强、工作繁忙、离家较远、生意上有应酬等等，其实这不过是父母在自己安慰自己！1999年春晚上蔡国庆、陈红、江涛、张迈演唱的一首《常回家看看》唱红了神州大地，也唱出了天底下众多家庭中两代人的心声！"常回家看看，回家看看……"情深意切，常在耳边萦绕……

"长大以后为了理想而努力，渐渐的忽略了父亲母亲和故乡的消息……"，郑智化演唱的《水手》让人倍感惆怅，更加增添了对父母的牵挂……，随着时间的推移，两代人的交流是越来越少，而随着时间的消逝，他们终将慢慢离我们远去！其实我们的父母多么希望我们能抽时间和他们一起吃饭、聊天和散步！但是我们却没有多给他们机会，常常用一个字"忙"无情地把他们小小的要求给回绝了！

"夫树欲静而风不止,子欲养而亲不待。"看见父母健在时,我们常常觉得以后有的是机会孝敬父母,也许还会编造出这样一个自我安慰的理由:等自己有时间的时候再去花多的时间补上,等自己经济宽裕时再来加倍孝敬……。

殊不知我们父母在养育我们的过程中,经历了人生的煎熬后已经不断衰迈年老,就如同一只漂浮在海洋的老船,已经不起狂风暴雨的袭击! 也许,还在我们都没有思想准备的时候,突然有一天他们会离我们远去,我们再也没有机会去好好孝敬和关爱他们了,往往在这个时候,留给我们就只有反省、懊悔与苦恼:有那么忙吗? 为什么不多抽点时间来把他们孝敬? 父母含辛茹苦把孩子养大,付出了毕生的心血和精力! 没有享受到子女的孝心,就在孤寂和惆怅中离去! 可惜世界上永远没有后悔药来弥补自己的过失,留给自己的将可能是抱憾终身!

我们无法挽住最终生离死别的那一刻,但我们能做到努力扮演好生命赋予我们做子女的角色。

为人子,必须心存孝敬之心。世界上没有绝对的孝与不孝,每个父母只能根据自己的切身感受给子女的行为打分。"论孝,看心莫看行,看行天下无孝子",一个人是否孝顺,是否尽孝,只能看其内心里有没有孝道观念。也许,我们一些人或因父母爱唠叨、土气、落后而不尊重他们,或因过去事情的误解而记恨他们,这都会影响到我们对父母的态度。其实父母对子女关爱得多了,就会显得唠唠叨叨,喋喋不休,我们对此不应该感到厌烦,而更应该理解"婆婆嘴、妈妈心";无论父母多么土气落后,他们永远是你的父母;不管他们过去有什么不如你意的地方,至少他们把你带到这个世界上,这就是最大的恩情。因此,在和他们相处时应该顾及父母的感受,千万不能恶语相加,伤了他们的心!

然而,仅仅心存孝道,而不付诸行动,孝道就可能成为一句空话,所以在可以表达孝心时,要尽可能以行动表达,做一个孝顺的子女。在孝顺的行动表达上,我们一定要注意"孝顺"应以"顺"为先,切莫把自己的好恶强加到父母的意志之中,切莫简单地以金钱或物质来代替孝敬的责任,而要以顺父母的心思来做事情,让他们真正地感受到天伦之乐。

当然,也许有些人会以工作、生活、经济等条件不允许来对孝敬父母的方式进行辩解,但是我们可以做到:每年的节气(春节、端午、中秋和父母的生日等)应尽力和他们渡过,让他们感受到浓浓家的气息和温暖;趁他们身体健朗时多抽时间陪他们去转转山,看看水;平日里多抽点时间和他们聊聊天,听听他们最近有没有趣事,家里的亲戚们还都好不好,并时常掌握到父母的身体状况……,如果真的实在很忙,也不要忘了给家中多打几个电话。如果有一天,你发现父亲的腰身不再直立,母亲脸上爬满了皱纹;花台上的花草树木已渐荒芜,灰尘沾满了家中的地板和衣柜;父母煮饭菜简单而异味,记忆衰退的他们不愿出门……,他们就真的老了,此时就更需要我们去关爱他们!

魔力悄悄话

善待我们的父母吧,父母亲是我们一生中最在乎的亲人,记得常回家看看,让关爱和行动永远都不停歇……

母爱是首歌

母爱是春天的阵阵花香,清新爽朗,散发芬芳,沁人心脾。母爱是一首悠长的歌,点点滴滴,绵绵不绝,感人肺腑。

有人说,世上唯一没有被污染的爱就是母爱。是啊,母爱深深,母爱悠长,在漫漫的人生道路上伴我们走过风,走过雨。她是叮咛,是"唠叨";它是赞许,是支持……无怨无悔,倾其所有。

"养儿方知父母恩",人到中年,为人女,为人母,经历了人生的坎坎坷坷,百转千回,才觉得做母亲真的非常不易。平时我们只顾着自己的工作和小家庭,常常忽视了年迈的双亲,很少去听听他们的想法、他们的心事。认为只要让他们有吃有喝,不缺钱花,就已尽了孝道,殊不知他们要的并不是这些。每次回家见到父母,母亲总是有很多话对我说,关切的话语,期待的眼神,常常让我感到很惭愧,觉得自己因为忙碌或是懒惰,常常忽略了父母亲的感受,减少了和他们交流的时间。

人生最大的悲哀是"树欲静而风不止,子欲养而亲不待"。随着年龄的增长,看到了身边不少的人生无常,悲欢离合。这时,在脑海里常常浮现的就是两个字——"珍惜"!

珍惜和父母在一起的每一天,珍惜和他们的每一次谈话、每一次交流,不要给自己找借口,不要总说自己很忙碌,给双亲一点时间,在一起话家常,说说心事,发发牢骚。总之,不要给自己留遗憾。

魔力悄悄话

母爱是夜空的点点星光,闪闪烁烁,不离不弃,照亮前程。母爱是一首悠长的歌,款款情深,朴实无华,一生难忘。

常陪陪父母

当我们真正经历了世事的沧桑，真正懂得父母的伟大，想要好好孝敬父母时，也许他们都已经老了；想游名山大川，也许他们已经走不动了；想吃山珍海味，也许他们的牙齿已经掉光了；想好好聊聊天，也许他们的耳朵聋了。终于有一天，上天会悄然无声地把我们的父母夺走，那时纵有千言万语，声声呼唤，谁还能听得见；任你泪如泉涌、伤恸欲绝，谁还能感觉到？岁月无情催人老，这是一个多么严峻而残酷的事实！人生能有几回孝？珍惜现在，马上行动吧，当现实成了过去，机会就会变得越来越少了。

从现在开始孝敬父母吧！多花时间陪他们说说话；多抽时间带他们旅旅游，多让他们脸上绽放笑容，多让他们内心感到快乐吧！这样，当他们离去的那一天，我们才不会后悔和遗憾，因为在他们有生之年，我们给予了他们真爱与关怀。

从吃着母亲的乳汁离开襁褓，到下地迈开人生的第一步。头痛脑热使父母熬着多少不眠之夜，诚读书找工作更是费尽父母的心血……他们为儿女含心茹苦了大半生，即使儿女已成家立业，他们的牵挂依然不减。回想起来，我们从小到大真的习惯了出门时父母追出来的叮咛；衣食住行父母那份固执的关爱和提示；习惯了父母年复一年的操劳与呵护……

"谁言寸草心，报得三春晖。"想想我们一生中到底有多少时间去孝顺父母呢？

也许上学了，父母对我们无微不至的关照着，而我们全然不明白父母的良苦用心，反倒认为这是天经地义。

也许工作了，开始忙于社交应酬，千方百计地追求事业成功，就连待在家里陪父母聊聊天的时间都没有了。

也许恋爱了，脑海里全是对方的身影，整天只知道和心爱的人泡在一起，父母又被冷落了。

也许生子了，还希望父母能帮着自己带孩子，哪还有时间顾及父母呢？

　　而父母的要求实在是微不足道,看着子女生活得幸福,他们就心满意足了,即使我们很长时间才给他们打一次电话,即使我们很久没有回家陪他们吃顿饭,他们也不会有半点埋怨。

魔力悄悄话

　　人生能有几回孝,此时不尽待何时。父母健在时应多尽些孝道,免得一旦父母离去就"想见音容空有泪,欲闻教诲永无声。"

感恩无需等待

"树欲动而风不止,子欲养而亲不待",这句古话渐渐成了时下人的感慨。然而,这份感慨与自责却是可以避免的,只要肯从百忙中抽出时间常回家看看,哪怕就是坐在父母的面前没有任何的言语,父母的心里也是甜的。

有的人认为只要给父母买礼物和补品,让父母拥有健康的身体以及丰富的物质生活就是对父母尽孝了。其实不然,父母需要的不是物质上的满足,而是精神上的安慰。因此,我们不要等到父亲节、母亲节、重阳节或是感恩节才想起孝顺父母,感谢父母是不受时间限制的,每时每刻都应拥有一颗感恩的心。

感恩的心每个人都有,只是缺乏表达的勇气,于是便把对父母的那份感谢及那句"我爱您"深藏于心里。有的甚至认为父母对自己的爱是天生的,是应该的,是不可推卸的责任,是无条件的施与而不望回报的。

确实,父母对我们的爱是无私的给予,他们的心里只希望我们能过得比他们好,但却不奢求能从我们身上获得什么。记得曾听到一个令人感动而又值得深思的故事。故事的内容是这样的,一个小伙子总是从母亲的身上索取东西,而母亲也是有应必答。直到最后他提出要母亲的心脏时,母亲也毫不犹豫地将其取出并交给儿子。可当小伙子捧着母亲那颗还在跳动的心脏走出家门时,他被门槛弄得摔了一跤,那颗鲜活的心脏只发出了一句话语——"孩子,摔痛了吗?"

这是一个让人热血盈眶的故事。

也许你会因为小时候挨父母的打而怀恨在心,但别忘了有句话是"恨铁不成钢",还有句话叫"棍棒之下出英才",更有人说"打是亲,骂是爱"。在父母举起手的那一刻,他们的心也是痛的。你只记得父母在打你时的那股狠劲,但你可曾知道他们也会在背地里抹眼泪。

打并不是说父母不爱我们,只是因为我们的淘气让他们无言以对,他们才会选择无可奈何的方式来教育我们。仔细回想,我们的哪一次生病不是他们忙前忙后地细心照料;我们从小学到高中的哪次升学考试不牵动着他们的心;我们哪次获得了好成绩他们脸上的喜悦会亚于我们;我们出外求学他们的心又何尝不是悬在嗓子眼呢⋯⋯哪一桩,哪一件,不牵动着他们的心的。除了为我们考虑,他们的心里又为自己想过什么。

父母对我们是如此的付出,但他们的心里从未想过要从孩子身上得到什么。孩子就如同父母的债主,一味地讨债。直到自己有了孩子,明白了"不养儿不知父母恩"的道理后,父母已是白发苍苍了,而自己也因忙于事业而无暇顾及年迈的父母了。对于他们简单的要求也总是找出无数的借口,无法陪在他们身边,最终留在心里的却是深深地遗憾。

树高千尺,而不忘根。让我们永远不要忘记,是谁用他那宽阔的背,厚实的肩,给我们提供安全的庇护和依靠;又是谁用她那温暖的怀抱,轻柔的话语让我们健康快乐地成长。

魔力悄悄话

父母与子女之间没有仇,别因为一时的赌气而悔恨终生。世上没有过不去的坎,只要你心存感恩的心,大胆地向父母吐露深藏在心底的话语吧!记住,可别让彼此等待得太久哦!

珍惜那份亲情

亲情,在你还没有来到这个世界前就先期而至,并时刻伴随你度过慢慢人生征程,等到你无疾而终悄然离开这个世界后,可他依然默默流淌,甚至穿越时空而延续。不是吗,婴儿呱呱坠地,父母含辛茹苦,捧在手上怕冻着,含在嘴里怕化了。营养奶补钙剂,不怕买不到,只怕没有卖。上学读书了,学校要挑最好的,老师要选最棒的,为了孩子有一个好的学习环境和谋求好的将来,不惜花费金钱、不怕丢面子求人。不少父母竟从幼儿园开始便成了陪读侍从,直至高中毕业上大学。孩子在外读书,父母省吃俭用尽其所能——吃,不能比别人苦,别影响孩子的生长发育;穿,不能比他人差,那会伤着孩子的自尊心;用,自己再苦也要让孩子手头宽松,不能让他(她)在同学面前做不起人。

从小到大,父母、兄弟、姐妹播撒的是血缘亲情,老师、同学、同事、朋友传递的是友爱亲情,夫妻融合的是恩爱亲情。有了亲情,黑暗中的道路会被照亮;有了亲情,生命中的寒冬将充满温暖;有了亲情,你的人生总会蜂飞蝶舞、蓬勃向上。

亲情是珍贵的,拥有亲情是幸福的,珍惜亲情更是难能可贵的。俗话说得好:成家才觉持家苦,养儿方知报母恩。人生短暂,来去匆匆,"子欲孝而亲不在,恩欲报而人已去"者常留千古恨!趁年轻、趁现在好好珍惜亲情。

魔力悄悄话

养儿方知报母恩。人生短暂,来去匆匆,"子欲孝而亲不在,恩欲报而人已去"者常留千古恨!趁年轻、趁现在好好珍惜亲情。

感悟亲情

有一种感情,令我们痛彻肺腑;有一种精神,令我们心旌荡漾;有一种力量,能帮我们穿越苦难;有一种思念,让我们可可明心。那就是亲情,是父爱,是母爱。

母爱是船,载着我们从少年走向成熟;父爱是海,给了我们一个幸福的港湾。母亲的爱,点燃了我们心中的希望;父亲的爱,鼓起了我们远航的风帆。那些年少轻狂时犯下的错误,难免会使我们伤痕累累。那双抚摸伤口的手边是亲情。世间的每个人都浸泡在博大无比的亲情中;世间的每个人都在为亲情吟唱着一曲曲沁人心脾的歌;世间的每一个人无不对亲情充满眷恋;世间的每一个人无不渴望天空般高远,大海般深邃的亲情,古往今来,亲情曾被多少诗人讴歌,曾被多少常人惦念。亲情到底有多高多厚,谁也不曾说明。

在一把雨伞有一对母子在缓缓前行。在仔细观察后发现,伞总是向着孩子的那边倾斜。母亲的身影,在雨里那样的弱不禁风,颤抖地为她的"心肝"撑着伞,自己冷的牙床相撞也不肯说一句话。不仅是母亲,父亲也是如此。父亲用他坚实的后背,为子女抵挡一切冰凌雨雪,他们毫无怨恨,只是在默默付出。用自己有限的生命为子女开拓一条宽广的星光大道。

当你走在回家的港口,总会有一个单薄的身影在翘着期盼。当你露出微笑时,她会笑得比你更加灿烂,当你考试失利时,总会有一双大手轻轻抚摸你的头,她告诉你,没关系,继续努力,相信自己。他们把你导航成了生命的唯一,掌上明珠。

父母的爱,是无法用语言来形容的,而亲情,像一曲悠扬的笛声,清幽婉转,轻轻地打开心扉,使你心旷神怡,甜蜜地陶醉在其中。

亲情,有一种无比奇妙的力量;亲情是一则永不褪色的话题。亲情是一坛陈年老酒,甜美香醇;是一副传世名画,精美隽永;是一首经典老歌,轻柔温婉;是一方名贵丝绸,细腻光滑。我们不必用任何事物去比拟,也不用任何此词句修饰,我们只要用心去感受。乃世千秋,那份古老而传承悠久的情,始终伴随着历史长河潺潺流淌。无言的大爱,与我们相伴一生一世,我们从细微之处体会,体会亲情的细微深长。相信,那永不褪色的亲情像是一部动人的神话,一辈一辈地传承,永远传承,永远……

魔力悄悄话

　　亲情,有一种无比奇妙的力量;亲情是一则永不褪色的话题。亲情是一坛陈年老酒,甜美香醇;是一副传世名画,精美隽永;是一首经典老歌,轻柔温婉;是一方名贵丝绸,细腻光滑。

那种特殊的情感

生活中许多人都看到这样的情景:一个大人调集了最大限度地笑容,去逗玩熟人怀中的幼儿,那小孩却毫不给这热情的陌生者面子,撇嘴大哭,并背过脸去以示抗议。而若是孩子的爷爷奶奶叔叔姑姑这些有血缘关系的亲人,即使未曾谋面,只要伸出双手一拍,那孩子竟会递上小手倾身让你抱!大人便感慨:这是亲劲儿赶着哩!

这"亲劲儿"就是亲情。什么也不懂的幼儿当然不会接受大人的谆谆教诲,去有意识地表现对亲情的珍惜。亲情是流淌在血脉里深入到骨髓中的天然情感。在人与人的情感中,友情美好而珍贵,但却常掺入功利和虚假的杂质,让人望而却步;年轻的爱情浪漫而甜蜜,但常只有一个短暂的保鲜期,保鲜期过后,心理的巨大落差又让人失望倍增。而亲情,却是最自然、最纯洁、最恒久深远最切割不断的人间真爱。突如其来的天灾人祸,让成千上万人的生命瞬间逝灭。许多人痛心、痛哭,与灾民毫无血缘关系的人能够不吃不喝不休息摒弃一切私利,挑战生命的极限去抢险救灾,他体内鼓胀着自己都预料不到的生命的潜能。但是,当他得知自己的亲人也惨遭横祸时,一下子就失去生存的勇气!因为一直支撑着他的亲情链条"咔嚓"而断⋯⋯有时候动物表现出的亲情更让人震惊。曾经有人发现,不幸丧子的母猴,把夭折的孩子拥在怀中,竟然整整 10 日不肯撒手,这种失去亲人后痛彻心扉的悲伤,闻者无不受到强烈震撼。亲情,原本就是生命的本能!

亲情不事张扬,不需表白。亲情就像"场",电场,磁场,看不见摸不着,却存在亲人之间,一旦"磁针"放入其间,便显出其无可比拟的强大的独有的力量。你看见两个人搂肩搭背亲密谈笑甚至涕泪四溅海誓山盟不负对方,那肯定不是亲人。相反,两人走个头碰头只简单地一句"吃没有"的,可能是亲兄弟。在一起干活争吵得脸红脖子粗的,不定就是一对父子。亲情的外表素面朝天随性自然,轻若晨岚,淡似白水,远不及同事朋友之间的热情。浓丽的外表反会让亲情显得疏远而怪异。可一旦遇事,亲情的与众不同立显。你买房子缺钱，四处向朋友熟人求借却效果不佳，急得失眠上火嘴上起泡，而你明知家底远不如你的乡下大哥却突然送来了你急需的款项，而这是他悄悄地私下为你求借的；你患了顽固而严重的疾病，熟人见了或真情或假意地叹息一番，说些毫无实际意义祝福保重之类的话，然后离去，而父母却悄悄抹掉心疼的泪，四处奔波，为你找来了治病的一沓单方；你工作忙应酬多，喝醉酒胃里翻江倒海地难受，回家一头扎在床上起不来，醒来时却看见平时总与你吵嘴对掐的妹妹把你吐脏的衣物洗得干干净净，做好了醒酒养胃的粥等你喝；得意时你前呼后拥朋友众多，落寞时身边唯有亲人……

亲情具有包容天地的博大胸怀。多年的朋友，可能因为言不投机的一两句话而割袍断义反目为敌；在外工作，需要处处小心，生怕自己的言行让人多心，影响到同事感情；婆媳相处，双方俱各小心，却难免彼此心中常有疙瘩，甚至爆发口水之……凡此种种，皆因彼此之间缺乏血脉相连的亲情，缺乏"担负"。

亲人之间你可以率性而为口无遮拦赤脸胀筋地争吵，但很快亲情的潮水就会漫过留下心痕的沙滩，完全恢复此前的温软平滑。母女之间的对吵呵斥很快会随风飘散而不会像婆媳那样留下龃龉；老夫老妻之间多的是彼此的关爱和牵挂，年轻时被不断放大的对方缺点则渐匿踪迹，因为此时，爱情已成长为亲情。

世界喧嚣热闹，置身其中，如果没有亲情的浸润，虽然身边拥满了人，但你会感觉像置身一个孤岛那样孤独而茫然。反之，你即使孤行于千里戈壁，举目四望，了无人迹，但你手机上亲人们的短信，脑海中亲人的面庞，足以让你浴在温馨的亲情里，心中充溢温暖和希望。

无形无色的亲情，有着温暖人的巨大力量。

魔力悄悄话

亲情不事张扬，不需表白。亲情就像"场"，电场，磁场，看不见摸不着，却笼在亲人之间，一旦"磁针"放入其间，便显出其无可比拟的强大的独有的力量。

第二章
用爱品人生

　　无论什么时候,我们都不要抱怨。人生中从来没有假设、没有如果,人生中充满了机会,也充满了平平常常的小事情。假如你没有惊天动地的大事情可以做,那么就做一个小人物,不追求权,不追求势,不追求利,不追求名,只寻找一种真实的人生。

　　我们最应该珍惜的就是当下,即使是争执,即使是痛苦,我们都要好好珍惜,因为它们都会在你不经意间悄悄溜走,触手可及的才是幸福。了解自己,理解别人,完美是没有的,尽力让自己做得更好,走得更顺,这就是美好。

把握那份感情

人生的路上,总不会一帆风顺,生活的途中,总不能一蹴而就。总有风雨,总有霜雪,挫折、失败,总会不期而遇。艰难、险阻,总会不约而至,关键是看你怎么面对,如何处理。如果有一个平常的心态,淡然于名利,看淡了金钱,失败也就并不可怕,挫折也就并不可惧。人生也就变得温馨,生活也就安顺。再坚强的人,也有软弱的时候,再勇敢的人,也有胆怯的时候。任何人都不会永远坚强,一直勇敢。谁的身上没有软肋,谁的眼前没有盲点,是人总有缺陷。人生重要的是扬长避短,正视自己的短处,发挥自己的长处。

不管过去我们走得多么艰辛,不论过去我们有过多少伤心,明天岁月带着我们进入新的年轮,时光领着我们跨入新的一春。欢欣也好,伤心也罢,伴随着新的一年,一切的一切都是曾经,都是过去。生命进入了一个新的时辰,时序步入了一个新的月份,振作精神,迎接新的一年,用善良、真诚、宽容,书写新的人生。生活中,并不是所有的坚强都是真实的,也不是所有的微笑都是真诚的。许多的时候我们不想坚强,但不得不坚强,我们不愿微笑但又不得不微笑。人生就是这样,有时行为是心灵真实的体现,有时却不是,不是所有的阴天都会下雨,也不是每次的伤心都会流泪。人生总有无奈,总有伪善,这就是生活。

有些事,不论我们看得有多重,握得有多紧,最终依然会失去。有些情,不管我们看得有多重,陷得有多深,最后依然会离去。人生,不属于你的终会失去,不是你的定会离去。生活种种在于努力,也在于命运,聚散全是缘,来往都是情。

经受不顺,我们之所以还在努力,就是源于今后不遗憾,不悔恨。有些人总是忘不了,有些人总是记不住。有些人近在眼前,却不在心间,有些人远在天边,却住在心间。时光淋湿了好多的往事,把过去切割,植入不同的区域,每一片都贴上不同的标记,印记着不同的情谊。缘深缘浅情淡情浓,留下了不一的痕迹，于是，记住与遗忘，有了不一样的际遇，成了两样的现在。

无需悔恨当初，不要在意过去，生活中没有谁不曾失误，没有谁不曾失意。人生写满无奈，充满遗憾。即使我们尽心竭力，用尽心思，依然不免失误。就算我们虑及种种，谋划万般，依旧会有遗憾。人生就没有完美，生活就难有如意。如果尽力了，假如用心了，不论结果如何，也是满意，也是完美。生活中的许多磨难，许多挫折，让我们学会了坚强，懂得了担当，理解了宽容。于磨难中挺起了自己的身躯，于挫折中坚定了自己的雄心。生活告诉我们，人生从来就不会一帆风顺，不会平平静静，生活中的许多美好来之不易，需要我们顽强坚定。坎坷挫折，既是磨难也是收获，使我们充满信心，变得更加坚定。

匆匆是光阴，忙忙是人生。我们都是岁月的过客，空手而来赤手而去，在岁月的尽头终成云烟。相识时要好好把握，相处时要坦诚相待，一年也就是三百六十多天，一生也就是几个十年。在生活的每一天，懂得珍惜，学会把握，人生不易，失去后什么都成虚幻，珍惜了今天你才有能力拥有明天。不管世界如何喧哗，总有一处宁静的地方，不管世界如何荒谬，总有一席公证的天堂。不管世界如何嚣张，总有一地谦卑的绿草，污浊的背后，总有一双清澈的眼睛明亮地看着我们。尘埃的飞舞，总有一阵无痕的风，将世界纯净如初。

魔力悄悄话

有些事，看得过重终会失去，用心读世界，用爱品人生，承认世界拥有杂质，做一个大爱之人，拥一颗平淡之心！

品味幸福

淡淡且悠远,茫茫而悠长,是谁说过:"真正幸福的生活,不是什么轰轰烈烈,而是一壶水,平平淡淡,但在加热时,也会泛起一些波澜……"人的一生也许会光芒四射,也许会荆棘满地。人们总是觉得人生的路很不堪,却不曾想过,那些金婚的人也是从平淡中走来。

不懂得知足的人是不会生活的人,他将受累于生活;不懂得知足的人是不会真爱的人,他也将困惑于爱情、亲情和友情。学会知足,学会淡泊,让我们真正地享受和品味幸福。

常人的幸福无外乎家长里短,一茶一饭,一吵一闹,幸福本身就是一种琐碎的平淡。岁月如河,人生如梦,当走过一程又一程,回头望过去,过去的一切都是寂静背后给人带来的无尽思索与感悟。繁华落尽,前路迷茫,世事轮回让人在不知不觉中明白了许多,也懂得许多。生活简单了,你就会快乐,因为生活快乐,日子就会平静如水。

我们最应该珍惜的就是当下,即使是争执,即使是痛苦,我们都要好好珍惜,因为它们都会在你不经意间悄悄溜走,触手可及的才是幸福。不必有太多的欲望,知足者常乐;无须有过强的偏执,宽容者愉悦。删除烦琐的记忆,摒弃身外的烦恼,人生本来苦短,功名利禄都是附加,唯有简单方能多些快乐。回归平淡,方臻人生之真境。

魔力悄悄话

平淡是人生之真味,让生命灿烂如飞花,一路缤纷。平淡之中却可见真情真意,是一种另类的幸福所归。

幸福来自内心

每个人都在寻求幸福，其实幸福就在平淡而又温馨的平凡生活中，珍惜拥有的平凡，就是珍惜幸福！幸福是一个谜，你让一千个人来回答，就会有一千种答案。有人说：幸福是拥有一个美满的家庭；有人说，幸福是一生平安；有人说，幸福是衣食无忧；有人说，幸福是一辈子健康；也是人说，幸福是每一天都快乐……

幸福需要解释吗？敞开心灵去感受，幸福无处不在；一种充实、闲适，没有空虚感、匮乏感、无聊感，没有内在的紧张、焦虑的生活就是幸福；内心的平安，自由自在的感受是幸福。

年纪大了总要找一个适合自己的生活方式，尽管夕阳西下，苦日无多。但怎么才能使自己的生活彩霞满天，绚丽的晚景，光彩照人。让活着的每一天，都拥有节日般的快乐。做到"老有所乐"，这就是人生的追求，也是幸福的真谛。

为什么人们总是觉得痛苦大于快乐；忧伤大于欢喜；悲哀大于幸福。原来是因为人们总是把不属于痛苦的东西当作痛苦；把不属于忧伤的东西当作忧伤；把不属于悲哀的东西当作悲哀；而把原本该属于快乐、欢喜、幸福的东西看得很平淡，没有把他们当作真正的快乐、欢喜和幸福。

幸福是不能全部描写出来的，它只能体会，体会越深就越难以描写，因为真正的幸福不是一些事实的汇集，而是一种状态的持续。幸福不是给别人看的，与别人怎样说无关，重要的是自己心中充满快乐的阳光，也就是说，幸福掌握在自己手中，而不是在别人眼中。幸福是一种感觉，这种感觉应该是愉快的，使人心情舒畅，甜蜜快乐的。

那么，幸福的真正含义有哪些呢？个人认为：

幸福是一种概念，一种感受。幸福应该是心灵深处微妙的感受，是一个人真真切切的感受。在你颓丧无助时，路人的一个微笑，一句问候，都带给你幸福；幸福是你口渴难耐时一捧甘甜的泉水；幸福是你筋疲力尽时一张松软的大床；幸福是你孤寂时一封远方的素笺；幸福是你噩梦后一张慈祥的笑脸。幸福是一种心态，一种感觉。其实，幸福每时每刻都伴随我们左右，关键是如何去发现它、理解它、感受它、创造它。

幸福是一种比较，一种知足。在人生的道路上，人要有所追求，又要有所满足，所以说知足常乐。幸福是人生的一种知足，只要自己感到满足，感到快乐，你就是一个幸福的人。"暮春者，春服既成，冠者五六人，童子六七人，浴乎沂，风乎舞雩，咏而归。"只有心灵安定宁静者，才能享受这种高情雅致，这是超出世俗的幸福，不以物使，不为物役，天地何可不乐。

幸福是一种能力，一种创造。生活对于每个人来说都是平等的，上帝不会偏爱任何一个人。但人世间有人会感到幸福，而有人感受不到或不强，那是因为幸福是一种能力，是感谢生命赐予和现有生活的能力；是感受快乐、抵制不良情绪的能力；是不断反省自己、完善自我的能力；是一种调节身心平衡，调节人与社会平衡的能力。

幸福是一种拥有，一种享受。幸福在于用自己的能力去努力创造，去用心感受。幸福是要靠自己创造的，马克思说："我的幸福属于全人类。"他以此为目标，为人类的解放事业，为共产主义贡献了一生，他是幸福的。居里夫人、舒伯特、巴尔扎克这些人，他们为了人类的进步和文明贡献了毕生的精力。幸福没有标准，每个人对幸福的理解也不一样。幸福犹如市场上的商品，也有假有真。真幸福让人留恋忘怀，假幸福却让人遗憾痛苦。金盆银匙、锦衣美食的人，未见得幸福；粗衣布履、粗茶淡饭的人，未见得不幸。这个世界的一枝花、一滴水，都可能成为幸福的源泉。幸福从来都与贫富无关，与地位无关，"人之幸福，全在于心之幸福"。

那么对于幸福如何把握？人生在世最应该珍惜什么？个人认为应着重从以下几个方面去理解与释义幸福的内涵：

感慨幸福真谛的人，要懂得惜福。如果你走走停停，看看风景、赏赏虹霓、吹吹清风，然后在某个不经意的瞬间，你会发现，其实每个人都是幸福的，只是你的幸福常常在别人眼里。

幸福，不是长生不老、权倾朝野。幸福是由每一个微小的生活愿望达成。当你想吃的时候有得吃，想被爱的时候有人来爱你，那就是享受在幸福之中。总之珍惜已经握住的福气，就是珍惜最可贵的生命，因为人的一世，得付出许多宝贵的东西，当时也许舍不得，但必须换取，过后也许不在意，但是已然失去，得到了也许看不起，得不到又觉得不甘心，总是在反反复复中失去了本心,待到全不在乎时,已然错过了一切,无从拾取。

感慨幸福真谛的人,要懂得惜缘。生命中,总有些人,安然而来,静静守候,不离不弃;也有些人,浓烈如酒,疯狂似醉,却是醒来无处觅,来去都如风,梦过无痕。缘深缘浅,如此这般:无数的相遇,无数的别离,伤感良多,或许不舍,或许期待,或许无奈,终得悟,不如守拙以清心,淡然而浅笑。看花开花落、云卷云舒、缘来缘去。一生成长当中,会有很多的朋友,而我们与每一位朋友的相见、相处、相知,都会有一段美丽的故事,我们用最真挚的心交往,用最真诚的语言鼓励着对方。生活中不能缺少朋友,与朋友在一起时,我们会感到快乐、幸福。最美好的时刻总是最短暂的。所以我们不要错过每一次与朋友们相聚的机会,而且也倍加地重视与珍惜。与每一位朋友的相遇,我都相信一个"缘"字。

感慨幸福真谛的人,要懂得惜别。世上没有不伤人心的感情,或多或少,或大或小,它都会在你的灵魂上留下伤痕的,以伤痕为代价换得感情的喜悦,以感情的喜悦作为回报的伤痕。这世界上,没有能回去的感情。就算真的回去了,你也会发现,一切已经面目全非。唯一能回去的,只是存于心底的记忆。是的,回不去了,所以,我们只能一直往前,不是我们忧伤,而是我们善于遗忘,将过去的不快统统抛弃,留下快乐给别人欣赏;不是我们没有心事寸断柔肠,而是我们善于珍藏,与其把无聊的叹息留给别人,不如让自己的欢笑在空中荡漾;不是我们生活中没有绵绵细雨,而是我们善于发现阳光,即使在那浓浓的雨季,透过那厚厚的云层,看到的依然是灿烂的阳光。

感慨幸福真谛的人,要懂得惜恩。人是社会化的动物,需要生活在集体中,与人相处,相处的好坏也是决定一个人幸福感的重要因素。家是每个人无法割舍的幸福避风港,无论一个人走到哪里,心,总忘不了对家的殷殷牵挂。而正是由家衍生出的亲情,如桥梁般连接起了生命的脉脉相承,爱,就在亲情所特有的链接中,互相珍惜,互相照顾,芬芳扑鼻。随着改革开放,人们的生活水平是越来越高,而社会上的新事物也越来越多,众多的诱惑越来越奇特。有的人就是因为没有经得起这些诱惑,毁了自己,也毁了原本幸福的家。**所以拥有或享受幸福应加倍珍惜,该你得到的总归是你的,不该你的不要有非分之想。幸福没有高低、上下之分,但不是千篇一律,也许通过努力会升华。**

感慨幸福真谛的人,要懂得惜体。健康是人们愉快生活所必须具备的前提条件,健康没了,一切的一切也就失去了那份动人心弦的意义。幸福的范畴很广泛,其中人有健康的身体也是幸福。当人不再享有健康的时候,那些最勇敢的人可以依然微笑说:我很幸福。因为我还有一颗健康的心。甚至当我们连心也不再存在的时候,那些人类最优秀的分子仍旧可以对宇宙大声说:我很幸福。因为我曾经生活过。只要我们珍惜现在所拥有的一切,把目光放得更长远些,当明白自己一生珍惜和追寻的目标时,困难只不过是漫长人生长河中得一些小小的礁石,人生戏剧中的一部分悲情戏而已,一切风雨也只是为了迎接彩虹,微笑便能在人生旅途上一路绽放,我们终可平静地欣赏生命的美丽。

也许幸福是简单的,是朴实的,是琐碎的,但它却是实实在在的,是看得见摸得着的。幸福是冬天使得"千树万树梨花开"的瑞雪;是"露似珍珠雾似纱"滋润着的万物;是"吹面不寒杨柳风"的舒服;是令你经常"蓦然回首"的微笑。只有我们用心去体验,用心去追求,幸福就会与我们相伴。

魔力悄悄话

也许幸福是简单的,是朴实的,是琐碎的,但它却是实实在在的,是看得见摸得着的。只有我们用心去体验,用心去追求,幸福就会与我们相伴。

被亲情包裹的幸福

在拥有生命的日子里,人们有无数个追求。高高兴兴与家人过个团圆年是许多中国人最大和最普通的快乐和愿望。每当万家灯火,迎春的鞭炮炸响时,坐在其乐融融的家里,被人世间最真挚的亲情浸润着,一种幸福的感觉油然而生。在这种亲情的包围中任何物质的东西都显得那么微不足道。

父母之恩、夫妻之爱、手足之依、育儿之乐,这种生命的真实让人感受着亲情的欢愉。亲情又不仅是欢愉的,每当看到为父为母者为儿女献出血浆、骨髓、肾脏,每当见到尚是孩童却要用自己稚嫩的小手撑起整个家的天空时,对亲情的厚重就会有更深的理解。

生老病死人间常事,我们的生命中注定一些人离去一些人加入。但是亲情不因时间和地域的久远而淡漠。有时我们可能走得很远,离开了亲人们的视线,却永远走不出亲人们的心境。有人曾经这样说:"世界上最遥远的距离不是生与死,而是我们明明相爱却不能在一起。"这里所说的"在一起"不仅指两个相爱的人能否生活在一起,更是说心与心有了距离会有多远。

汉朝时期的使者张骞。他两次出使西域谱写了东西交通史上一段佳话。今天我们中原百姓吃的核桃、葡萄、大蒜、胡萝卜就是那时引种过来的。在他第一次出使西域离乡背井的13年中,时间和距离并没有成为他动摇信念的理由。相反对故国故土和亲人的思念使他完成使命的意志更加坚强。所谓重情重义,没有情的人哪会真正懂什么是义。

一个人不能没有亲情,连亲情都不懂得珍爱的人可以说是世界上最可怜的人。19世纪法国著名批判现实主义作家莫泊桑曾写过一篇取材于法国普通小市民家庭生活的短篇小说《我的叔叔于勒》。小说中菲利普夫妇对待亲兄弟于勒的态度前后截然不同。决定他们对于勒亲疏好恶和他们自身喜怒哀乐的根本原因在于金钱。正是金钱,让他们最终抛弃了于勒。亲人之间本应该相亲相爱的真挚温馨的关系被糟蹋成了"纯粹的金钱关系"。在21世纪,今天的现实生活中像这种放弃亲情甘心做金钱奴隶的人和现象还有没有呢? 恐怕还没有绝迹。

中国人历来有一种年节的情结。中国传统节日中不论是端午节还是中秋节,不论是重阳节、七夕情人节,还是春节,无一不是在宣扬一个"情"字。无一不是通过过节营造一种聚拢亲情的温馨气氛。正是在这一个接一个的年节中,不断的聚散离合中,人们品味离愁别绪,享受团圆的幸福,加深对亲情的理解和依赖,期盼着下一个节日里与亲人相聚和相互祝福。

魔力悄悄话

请记住,我们今日的生活之所以让人留恋,是因为我们无时无刻被温馨的亲情包围着。

弘扬亲情

亲情乃至亲情文化,既是人类共有的纯真情感,又是珍贵的精神财富,应当大力传承和弘扬。

认识亲情知情理。

什么是亲情?亲情,从一般意义上讲,是指有血缘关系的人之间存在的那种感情,是人类与生俱来的最本性的自然感受,是产生其他感情的基础。亲情,是血脉之亲、手足之情,是亲人之间的关爱,是长者对幼者的疼爱。认识亲情,为的是知情知理。平常父母对子女的亲情,是爱其强更爱其弱。一个身体残疾的孩子,其父母对他的爱会加倍。而爱情则不然。爱情是爱其强而不爱其弱。父母对儿女爱护的时间太久、太久。从儿女呱呱落地,到长大成人,一直延伸到儿女的下一代、再下一代,无不十指连心。亲情有狭义和广义之分。狭义的亲情,是指亲人之间的那种特殊的感情,不管对方怎样也要爱对方,无论贫穷或富有,无论健康或疾病,甚至无论善恶。它有两个特点:一是互相的,不是单方面的。母爱是亲情,爱母也是亲情。二是立体的,不是专指母女情,也不是专指父子情。手足情、姐妹情、祖孙情(祖辈与孙辈)都是亲情。广义的亲情,甚至包括夫妻情、朋友情等,都可以说是亲情。这是因为,"亲情"重在"情"字,不是亲人也可以有亲情,但有血缘关系不一定有亲情。

感受亲情懂感恩。

每一个人来到这个世界上,就注定着亲情的存在。这种感受,来自对父母的感恩。因为它不仅仅是一种情感、一种伦理,而且还是一种美德、一种境界,是对"滴水之恩,涌泉相报"哲理的完美诠释。面对亲情,其认识不同,感受也不尽相同。一个完整而幸福的家庭,必然被浓厚的亲情所包围。每当中秋、春节等中国传统节日来临时,我们都能深切感受到亲情的重要性。不管你是跟家人在一起,还是远在他乡,你的心里永远都无法磨灭亲情的存在,无法抛弃对家人的思念。人长大了,工作与生活的压力不断加大,对亲情的感受也在潜移默化中积累。当你心情不好时,有亲人在一旁静静地聆听你的倾诉。当你因病住院时,有亲人前来看望和陪伴。这些,想必你会感到由衷的温馨与慰藉。面对亲情,你永远不会用到"自私"这个词。你可以为了你的亲人而活着,为了你的亲人而付出你的一切,哪怕是其他人无法理解的一种做法。亲情,其实应该与利益、金钱、权力等分割开来。在中国这样一个人情味非常浓厚的国度里,一切的交易在亲情面前,都显得是那样的脆弱和渺小。不管你生活在这个社会的高层还是底层,也无论你是高贵、富有还是弱势、贫困,你永远也不可能对自己的亲人无动于衷,置之不理。亲情的面纱实际上非常薄。如果亲情夹杂了权力、金钱、利益等杂质,有时亲情就会变成魔鬼,亲人之间相互的理解将不复存在。只有加深对亲情的感受与认知,你的言行举止,才会切合道德与法律的规范。你的人生之旅,才会写下知恩图报、回报社会的篇章。

崇尚亲情扬正气。

和谐家庭是和谐社会的基础,而温馨的亲情则是和谐家庭的源泉。崇尚亲情,既是人们对美好亲情的褒扬,对浓浓亲情的向往,更是时代对亲情友善、和谐社会的呼唤!亲情,是一种威风凛然的正气,是一个永不褪色的话题。亲情,是一坛甜美醇香的陈年老酒,是一幅精美隽永的传世名画。亲情,是一首轻柔温婉的经典老歌,是一方细腻光滑的名贵丝绸。亲情,是喧嚣世界中的桃源,是无边沙漠中的绿洲。亲情,是绝望之中的一丝希望。它能时刻给人温暖,予人快乐。它让人们明白,在这人情淡薄的现实社会中,还有一种对我们不离不弃、始终如一的东西存在,那就是亲情!它恰似山顶积雪,简洁、永恒,又如同河水荡漾,川流不息。亲情,是一个人拥有的物质财富与精神动力。有了它,看海能感知大海的波澜壮阔,观山能领悟高山的崇高险峻。柔情中,如涓涓细流,在心灵的田野上轻唱。豪放时,如烈火奔涌,在灵魂的天空里翱翔。亲情像雨,能帮你洗掉烦躁,留下清凉。亲情像风,能助你扬起风帆,顺利启航……

珍惜亲情不忘情。

随着互联网的普及和经济的发展,钢筋水泥的"丛林"使孩子的交往越来越狭小。外面世界的空间越来越大,孩子心灵的空间越来越小,再加上成人"冷漠文化"的影响,涉世不深的孩子们会不知不觉养成淡漠、冷酷甚至残忍的心病。尤其是近年来,在西方价值观的影响下,一些家庭和青少年中出现了亲情淡化倾向:家庭中,两代人在人生观和价值观方面的分歧越来越多,两代人之间存在着一条深深的代沟,不少家庭缺乏心灵的沟通和情感的互动。家庭人际关系疏远、情感淡漠;家庭虐待时有发生,家庭暴力日趋严重。精神暴力也成为扼杀亲情的冷杀手,这种心灵的折磨往往对亲情的打击更为残酷,影响下一代的身心健康,破坏家庭幸福和安宁,影响社会的稳定和发展。家庭是社会的细胞。亲情是维系家庭的纽带,又是社会人际交往的基础。如果亲情这一纽带松弛了、折断了,势必会瓦解社会的人性基础,阻碍社会的健康发展。试想,一个学生如果对自己的父母都不能够感恩的话,又怎么能对我们的国家、社会感恩呢?如果连自己的父母都不爱,又怎么能对我们的国家、社会和他人有爱心呢?由此看来,社会需要亲情关怀,时代呼唤亲情教育。亲情,是人世间最圣洁、最美好的感情,是人与人之间血脉相连的关系,没有别的什么可以超越这种伟大。亲情也许是平凡的,没有友情的豪气冲天,没有爱情的轰轰烈烈,但是正由于他的平凡,往往亲人一声问候、一句叮嘱,都能让我们感受到浓浓的亲情。

凡是读过朱自清《背影》的人,都会为之深深感动。那"背影"曾很长时间萦绕在人们的心头。想起曾偷偷地躲在父亲的背后看父亲的背影,那许多共鸣便在心中澎湃不已。

当人们远在他乡,亲情像故乡的月,隔得有点远。在夜阑人静的时候,在孤独无助的时候,想得最多的是故乡温暖的家。儿女过生日,母亲特意为你掌灯,因为那盏灯亮着,会指引着你的人生之路。因为那盏灯里,凝聚着母亲的嘱托和期盼,这其中有我们割不断、舍不去的亲情。

有些人不懂得珍惜亲情。当亲情洋溢在他们身边时,显得那样的淡视和冷漠,他们不知道乌鸦反哺为什么值得人们赞叹,他们不明白孤儿眼里的渴望为何如此执着。就人类而言,要珍惜已拥有的亲情,不能身在福中不知福。亲情与生俱来,切不可失去了才知道珍惜。

践行亲情齐给力。

论亲情,首当其冲的是对父母的爱。谁言寸草心,报得三春晖。古人以孝治国,今人以爱持家。只要心中有爱,就能对长辈真心行孝,对他人真诚关爱,对社会无私奉献。践行亲情,就是要真心真诚行孝。首先要尊重父母。父母所积累的人生经验是极其宝贵的,往往是课堂上、书本里学不到的,他们的传授是不计回报、真心实意的,所以应该认真听取,虚心接受。其次,要关爱父母。每天要主动问候下班回家的父母,主动帮他们做些家务。当父母劳累时,让他们注意身体,劝他们好好休息,帮他们捶捶背、揉揉肩,陪他们聊聊天,让他们开心、愉悦。平时买些父母喜欢吃的早点,煮一顿再普通不过的晚餐,睡前帮他们盖好被子,天冷帮他们添件衣服、戴副手套……当父母外出时,应提醒父母是否遗忘东西或注意天气变化。当父母有病时,应主动照顾,多说宽慰话。有好吃的食物,要懂得和父母一起分享。每年还要记住父母的生日,无论工作有多忙,都要尽量陪父母一起度过,让他们在儿女的祝福声中,尽情享受天伦之乐。再次,要感恩父母。父母对子女最大的期望,先是成人,再是成材,最终有所成就。哪个父母不望子成龙、望女成凤呢?作为有孝心的子女,应学会学习、学会处事、学会做人,不辜负父母的期望,这是最重要的孝行。平时要培养良好的行为习惯,以学习为乐、刻苦为乐,发展自己的特长,让自己的父母得到宽慰,以你为骄傲,这就是孝敬父母最大、最实际的行动。今天你的孝行,实际上是在为你的孩子做榜样。现在,你如何对待你的父母,以后,你的子女就如何对待你。因为,人世间最难报的就是父母恩,愿我们都能:以反哺之心奉敬父母,以感恩之心孝顺父母。常去看望父母,给父母带些礼物,礼物不一定很昂贵,老人就喜欢经济实用型的,多陪陪他们聊聊天,能让他们开心高兴就好,多帮他们解决一些他们想解决的事情,多做些家务活之类的事。总之,要子女爱父母、父母爱子女,是不一定要用言语表达出来的,而是要用实际行动做出来的!

践行亲情,就是要真诚关爱他人。这里的他人,既包括你的兄弟、姐妹、配偶和子女,也泛指与你亲密相处、心心相印的同事和挚友。对他人的关爱,实际上也是对至善亲情的一种拓展与延伸。如果世界是一间小屋,关爱就是小屋中的一扇窗;如果世界是一艘船,那么关爱就是茫茫大海上的一盏明灯。被人关爱是一种美好的享受,关爱他人是一种高尚美好的品德。人的本质是爱的相互存在。人的生活是与他人的相互交往构成的。关心他人,就是善于理解他人的处境、他人的情感,随时准备从道义上去支持别人,从行动上去关爱别人。现实生活常常会给人带来喜悦或烦恼,带来幸福或悲伤,带来顺利或困难,带来成功或失败,但无论处于何种境地,人都需要别人给予相应的理解和关心。比如,人在生病时情感比较脆弱,他人的关心、慰问就是一贴良药,令人终生难忘。给患病的亲人提供医疗信息、介绍饮食方案、转达同事的问候、送上可口的饭菜、水果,这些都是关爱。再比如,在个人及家庭遇到特殊困难时,最难得的是亲人们的主动相助。这种超出一般意义的关爱,凝聚着的是人间大爱与真情。得到他人的关心是一种幸福,关心他人更是一种幸福。让我们一起去关心他人,并因此得到幸福。正如歌中所唱的:只要人人都献出一点爱,世界将变成美好的人间!

　　践行亲情,就是要社会加油给力。当务之急,是要加强亲情教育。各级党委、政府以及宣传部门,应把它作为精神文明与和谐社会建设的重要内容,作为关心下一代的重要工作。中、小学应纳入思想品德基础教材。各主流媒体和网络应加强正面引导和宣传。通过各方齐心合力,努力使亲情教育进机关、进企业、进学校、进社区、进村庄,营造强烈的舆论氛围,形成良好的社会环境。

魔力悄悄话

　　被人关爱是一种美好的享受,关爱他人是一种高尚美好的品德。人的本质是爱的相互存在。人的生活是与他人的相互交往构成的。关心他人,就是善于理解他人的处境、他人的情感,随时准备从道义上去支持别人,从行动上去关爱别人。

有一种幸福叫亲情

　　幸福多种多样,但有一种幸福叫亲情。如果你生活在一个充满亲情,暖意融融的家庭,家庭成员之间互相关心照顾,宽容理解,任劳任怨,那么即使在寒冷的冬天也会感觉很温暖很幸福。

　　亲情是冬日里捧在手心的那杯热茶,暖暖的,直达心胸;亲情是寒冬里那红红火火的火炉,静静地燃着火焰、散发着热量,驱赶走一身的寒气;亲情是世界上那块最可口香甜的蛋糕,轻轻咬一口含在嘴里,软软的,香香的,顺势咽下,那种幸福的滋味更是不言而喻;亲情是雪山上那朵最美的雪莲,静静绽放,纯洁无瑕;亲情是伊人唇角那丝浅浅的微笑,生动迷人,摄人心魄……

　　亲情是荒寂沙漠中的绿洲,当你落寞惆怅软弱无力干渴病痛时,看一眼已是满目生辉,心灵得到慰藉,于是不会孤独。亲情是黑夜中的北极星。曾经我们向目标追逐而忽视它的存在,直至一天我们不辨方向,微微抬头,一束柔光指引我们迈出坚定的脚步。

　　亲情是航行中的一道港湾,当我们一次次触礁时,缓缓驶入,这里没有狂风大浪,我们可以在此稍做停留,修补创伤,准备供给,再次高高扬帆。

　　亲情是母亲那一声声的叮咛,是母亲自己舍不得吃而夹给女儿的那一块块瘦肉;亲情是父亲那一个个关心的电话,是父亲阅尽报纸杂志为女儿寻找的民间偏方;亲情是年迈带病的婆婆在雪花飞舞的日子里为儿媳,孙子赶制的棉衣棉裤,是婆婆在冰冷的屋子里为儿子一家包的香喷喷的饺子;亲情是公公那一串串善意的唠叨,是公公为我们时刻备好的米面青菜;亲情是小妹在百忙之中去医院对姐姐的精心陪护,是小妹夜晚在灯光下为姐姐仔细用报纸包好的那一篮子土鸡蛋;亲情是丈夫那不离不弃的爱恋;亲情是儿子献给妈妈那奶声奶气,天真无邪的歌声……

　　亲情是伟大的,拥有亲情是幸福的,因此我们感恩亲情!

　　感恩是发自内心的。俗话说"滴水之恩,当涌泉相报。"更何况父母,亲

亲情力——可怜天下父母心

友为你付出的不仅仅是"一滴水",而是一片汪洋大海。在父母劳累后为他们递上一杯暖茶,在他们生日时递上一张卡片,在他们失落时奉上一番问候与安慰,他们往往为我们倾注了心血、精力,而我们又何曾体会他们的劳累,又是否察觉到那缕缕银丝,那一条条皱纹。感恩需要你用心去体会,去报答。

魔力悄悄话

有一种幸福叫亲情,品味亲情,感受亲情,感恩亲情!愿我爱的亲人和爱我的亲人们永远幸福、平安、健康、开心!

最美丽的幸福

亲情是一种幸福,亲情是一种美丽,亲情是一种永恒。从呱呱坠地到长大成人,谁都离不开亲人的呵护和关怀,从青春年少到垂暮白发,谁都离不开亲人的帮助和安慰。无论你钱再多官再大,无论你是疾病还是困苦,亲人都会不离不弃地守护在你的身边。亲情是一种幸福,一种任何感情都代替不了的情感。亲情是家的港湾,是人世间最温馨、最甜蜜的情愫,亲情是无价宝。

亲情是一种与生俱来就十分撼动人心的真情。也许,我们没有友情,但是,我们的生活中是万万不能没有亲情。没有亲情的人,生活中就少了一份快乐,多了一份遗憾。所以,拥有家庭,拥有亲情的我们,应该感谢上苍,感谢生活,感谢亲人给我们带来的幸福和甜蜜的一切的一切!我们应该懂得珍惜,珍惜拥有!亲情是人世间最永恒的话题,亲情是人类最珍贵的财富,亲情是人生最纯真的感情!

亲情是一生修来的福分,亲情是一世难求的缘分。不因换季而忘记,不因忙碌而疏远,不因路远而不惦记,更不因时间的冲刷而淡忘。亲人永远是心灵深处最亲的人!在我们身心疲惫心灰意冷的时候,亲情是最持久的动力,亲人会给予我们无私的帮助和安慰;**在最寂寞的情感路上,亲人关爱的目光和亲切的话语,会给我们最真诚的陪伴;在最无奈的十字路口,亲人是最清晰的路标,能给迷途的心指引方向,会指引我们不走弯路成功地到达目标。**

亲情如美酒,愈久愈香醇;亲情如影子,无论贫富,无论贵贱,总是义无反顾的追随,无怨无悔的陪伴我们一生。亲情是一本书,永远看不完,永远看不厌,因为这里能找到无尽的快乐和温暖。亲情就是寒冬里的一盆炉火,温暖着我们的心房,亲情就是冰雪里的一抹阳光,照耀着我们的笑脸。有了亲情的存在,生活才添了色彩,才添了更多的喜悦。

亲情是无尽的,我们的一生无时无刻不体会到亲情的存在。亲情是最

亲情力——可怜天下父母心

伟大的,不管我们快乐,沮丧,痛苦,彷徨,都会永远伴随着我们的一生。亲情是一种幸福,有亲人才会有快乐和温暖。亲人的健康和平安永远牵挂着我们的心,每天都有很多感人肺腑的故事就发生在我们的周围,社会也因为家庭的和睦而安定,我们也会因为亲人的存在而温馨。

亲情就是一种幸福,一种无法比拟的幸福,一种至高无上的情感。无论疾病还是贫穷,都会不抛弃不放弃这份难得的缘分,无论是父母还是夫妻,无论是手足还是子女,在一起我们就是一个大家庭,一个最甜蜜最温馨的家。家人在一起才会开心,才会快乐!才会有数不完的感动和激情。人世间的感动有千万种,但唯独亲情最不能让人忘怀,使人铭刻在心。亲人会给我们更多的关心和感动,亲人会给我们最无私的奉献,包括金钱和身体。亲情是永恒的主题,亲情是不变的轨迹。亲情在爱就在。亲情能改变人的一生,亲情能帮助我们铸就辉煌,亲情会让我们的心宁静,亲情会让我们的人生充满豪情。

魔力悄悄话

亲情就是亲人一路同行一起共度风雨的人生,亲情是美好的,亲情是永恒的,亲情就是一生最美丽的幸福。

第三章 不需回报的付出

　　我们的生命是我们的父母给予的。因此，我们的一切也便都是属于我们父母的，但我们的父母却不会从我们的身上获取丝毫，相反，他们却把见自己的一切都给我们，包括时间、金钱。但是，在这个世界上，却有不孝之子，他们不爱父母，不尽责，更不懂得付出。

　　世界就像一个平衡的天平，丑陋与美丽并存，善良与邪恶共生。有不孝子，也就有孝子。他们懂得付出，他们将自己的爱倾注于父母，也将自己的爱倾注于自己的儿女。他们，是伟大的，是值得人们赞颂的。他们，会在付出中得到永恒。

家是幸福的港湾

生命,是一个由荒芜到芳草萋萋的过程。在这个过程里,我们最不能忽略的,是家。家,永远在我的记忆里,在我的意识里,在醒来梦去的眸子里,清晰如昨。

"家"究竟是什么? 有人说:家是酝酿爱与幸福的酒坊,是盛满温馨和感动等待品味的酒杯。是在疲惫时回到家后爱人真情的拥抱,是彼此相守默默注视的目光……还有人说:家是风雨中的一间小屋,家是大雪天里的一杯热酒,家是一次次失败后的鼓励……

家,只是一个字,却是在经历了纷纷扰扰的世间情,世间事,世间人纠缠喧嚣之后,一个最温暖的去处。家里家外,亲人,朋友,爱人,亲情,友情,爱情,每天围绕着家展开、伸缩,或远或近,或浓或淡,或离或散,或真或假的情感、苦辣辛酸在家的左右上演,诠释。家,很简单,内容,却丰富。

童年时,家是一声呼唤。那时的我似乎比今日的孩子拥有更多的自由。放学后,不会先在父母前露面,而是与左右相邻的小朋友聚在一起,天马行空,玩的天昏地暗,直至炊烟散去,听见焦急的父母在四处:"回家了,吃饭了。"这样的声音伴着我的童年,月复一月,迄今仍在我的耳畔回响。

太平时,家是一座博物馆,又是一个加油站。家里的一本书、一封信、一帧照片,都可以引出一段属于你们家的故事,流传天南与地北;一把茶壶、一顶帽子、一把椅子,都储存着家的文化传统和信息,绵延一代又一代。

孤独时,家是黑夜里的北斗,是沙漠中的绿洲。虽然可望而不可即,却带给我无限的遐思与慰藉。"烽火连三月,家书抵万金",诗圣杜甫早已道出了对"家"的牵挂。失足时,家是谅解的甘露,是宽容的怀抱。为了母亲的微笑,为了孩子的企盼,浪子毅然回头,方知犹未为晚。

富裕时,家是一帖清醒剂。时时提醒你"衣食足而知荣辱",切不可"富贵思淫欲"。家不是酒店,不是茶馆,想来就来,想走就走。家是扶老携幼的承担,是传宗接代的责任。即使富甲天下的比尔·盖茨,也只要一个属于自己的家,而把巨额财富捐给了那些需要家的孩子和需要孩子的母亲。"有钱能使鬼推磨",却唯独买不到亲情,买不到家。世上没有不老的容颜,不散的筵席。当珍惜时且珍惜,莫等老来有家回不得,"空悲切"。

当我们无奈又无憾地适应自然规律的时候,家是驶向彼岸的此岸,是通往来世的港湾。你播下的种子已在这里开花结果,你培育的后代已接过了你肩上的责任。你的姓氏通过儿女得以继承,你的血脉通过子孙得以延伸。因为有了家,你灵魂不灭;因为还有家,你死而犹生。

对男人来说:"家"就是在外碰到挫折最觉得温暖的地方,是一个避难所,是快乐时的安乐屋。是烦恼时的出气所,是饿了要吃渴了要喝困了能睡的地方。

对女人来说:"家"就是你这一生中默默奉献和操劳的地方,当你疲倦的时候,你会告诫自己不要倒下;当你脆弱的时候,你会鼓励自己坚强些;当你受气无处诉说时,"家"是一个女人默默流泪的地方,在女人心里"家"应该是一个挡风避雨的港口,以至于在暴风雨的夜晚也不会恐惧;家是心受伤的一座医院,无论你有多大的委屈、多么的受气,在家都应该得到足够的安慰和体谅。女人多么希望家是一个在疲惫不堪时歇脚的驿站,当伤痕累累时,家就是一个避风的港湾。

其实,"家"就是锅碗瓢盆油盐酱醋茶和酸甜苦辣咸相结合的一种磨炼,家是一本难念的经。

家也许就是一种期盼,是每天下班后放弃一切急匆匆赶回去的地方,有时候,无论你走多远、在外过多么舒适的生活,你都会牵挂着它,即使远在天边你也会想到立刻回去的地方。这就是我们牵挂的"家"。"家是一个人点亮灯在等你。"记不得这样温馨的文字出自哪本书了。确实,家从一个人生下来起就是他生命中一束橘黄的灯光。因为有家,因为有深沉的牵挂,生命才不会因无根而枯萎;也正是因为有家,因为有如此深沉的牵挂,生命才会熠熠生辉。

家,就是经历世间艰难之后,让心灵停靠的港湾。在人生的海洋中打拼疲惫之后,回到属于我的这个家,在家人无言关爱的目光中,无语地默默抚慰中,修复自己千疮百孔的心灵之舟,这个小港,风平浪静,没有灯红酒绿的浮躁,没有莺歌燕舞的妖娆,只有温情,只有安宁。

家是人们最牵挂的地方,家是爱心的归宿;家是魂牵梦绕的爱巢。家就是你和你相爱的人坐在沙发上聊,收藏他(她)的点滴哭或笑;家是和他(她)

一起慢慢变老的地方。家是温馨的、家是温柔的、家是快乐的,家也是丰富多彩的;家是纯洁的情感的地带;家是我身心依赖的一个港湾;家已经深深地驻扎在我心里,挥之不去……

　　有了一个家,生活才会更有意义;有了一个家,就会明白幸福的含义;有了一个家,工作事业会更成功! 当我开心的时候,当我烦恼的时候,当我被人误解的时候,当我不如意的时候,只有家才是温馨的! 有了家的呵护,让我们感受到爱的力量,情感的重要……

魔力悄悄话

　　家是一首写不完的诗,是人类最本质、最相互的一种情感! 朋友,请爱你的家……愿世界上的每个人都有个幸福的家,都有个温柔的港湾让你依靠!

家是最美的拥有

家是什么？是一束温暖的阳光，可以融化掉心上的冰雪寒霜；是一盏明灯，可以照亮夜行人晚归的路程；是一个温馨的港湾，可以遮挡人生中不可避免的风风雨雨；是一潭清澈的溪水，能够洗涤掉繁杂的世事回归安静的心灵；是一阵清风，可以拂去烦恼和忧伤；更是那一缕情丝，穿透着人生的每一个角落……

家是宁静的，家是温暖的，家是甜蜜的，家也是安定的。她可能不华丽，但一定要雅致。那点点滴滴的幸福，实实在在的欢乐，时刻都可以把她装扮得暖意融融。她可能不富裕，但一定要洋溢着爱和情，一句贴心的话，是浓浓的亲情，厚重的给予。

家是一座充满爱的房子。即便豪华也不失温情，即便朴素，也有美丽的憧憬，房子里应该充满欢声笑语，充满和谐温馨，而不是冷冷冰冰，磕磕绊绊。或许两个素不相识的人就组成了一个家，但这就是一种缘，每一个人在这座房子里都有着无可替代的位置，缺少了谁都是今生的遗憾。

家是一个放松的地方，让人心情舒畅，怡然自得。累了，烦了，伤了，痛了……你都可以在家中找到释放的空间。

回到家，可以听几首舒缓的音乐，静坐冥思；也可以饮一杯幽香的清茶，和家人分担你的苦恼。

此时的家就像是一条清澈的小溪，缓缓地流过心田，没有人会去打扰那安静，没有人会去破坏那清澈。家就是下里巴人，虽然俗，虽然朴素，但却不可或缺。就像生活一样，虽然琐碎，虽然繁杂，可是却真实、诚挚。

家是一个温馨的港湾，无论何时，双方都能体会到浓浓的温暖存在。用心关爱生命中的另一半，既然他是选定的终身伴侣，就要用一生的时间去不断地了解他，读懂他。

有家的人，对家总是如此依恋，依恋回家，依恋家里的人，在家里，你可以完全敞开心扉，你可以完全拥有信任，你可以充分得到理解，我们使家充溢着幸福,家就足以让我们感到满足。

家是什么? 家就是人生最美的拥有。她是一份牵挂中蕴涵的一点温暖,她是一丝温柔中隐藏的一份宁静,她是一份体贴中表达的一丝情谊……她是尊重、信任和宽容……

还有什么理由不幸福呢? 因为,我们都可以拥有一个家。

魔力悄悄话

在家里,你可以完全敞开心扉,你可以完全拥有信任,你可以充分得到理解,我们使家充溢着幸福,家就足以让我们感到满足。

为了亲人做好自己

人这一辈子成年走上社会后,就不光是你一个人的事了,你的身前身后,你的周围左右,会有你的亲人朋友,你牵挂着他们,他们关心着你,人世间的一切爱便由此而生。生活的实践告诉我们,你对亲人最大的爱,莫过于管好自己的一切,平安的生活,胜利的工作,健康的身体,快乐的来去,不让家人朋友为你担心,不让家人朋友为你伤尽脑筋,这就是你对亲人最好的爱了。丈夫事业成功,健康平安,就是对妻子的负责,妻子健康平安,当好后勤,照顾好孩子,就是对丈夫的大爱。儿子平安,在外不惹事,就是对父母的孝敬。父母健康长寿,身体无恙,就是子女们的幸福。假如你在外惹了事,或者出了车祸,犯了法律,那就只有亲人对你的爱了。

如何做到管好自己,也是大有讲究,我倒是很欣赏我们的老先人老子在他的《老子》一书中提到的:"曲则全,枉则直,洼则盈,少则得,多则惑。是以圣人抱一为天下式,不自见故明,不自是故彰,不自伐故有功,不自矜故长。"的四不哲学。老子前后所说的四不——不自见、不自是、不自伐、不自矜。有同于佛,说的四相——我相、人相、众生相、寿者相,有同于孔子所提倡的戒四毋——毋意、毋必、毋固、毋我。怎样才能做到四不? 做到四不有何意义,老子又做了两个形象的比喻:"企者不立""跨者不行"。踮起脚尖,像跳芭蕾舞一样,不断的向前急走,舞台上可以,但在大道上走走,不会持久。这就是"企者不立"的道理。故意跨大步子,一步当作两步,走一段可以,要走长远的道路,那是自取颠簸,欲速则不达的法子。所以人无论在干什么,不要好高骛远,先从基础做起,基础没做好,求高求大求远,羡慕人家事业大,钱多,有权。就刻意去追求,那是那是自找苦吃,甘愿自毁。

生命是一种缘,是一种必然与偶然互为表里的机缘,命运喜欢与人作对,有时你越是挖空心思去追求一件事物,他越是想方设法阻挠你不让你如愿以偿。这时候,有人就是不知难而退偏要去追求,其结果往往不能自拔,陷在了自己设计好的陷阱里;明智的人明白知难而退,知足常乐的道理,他

们会顺其自然,不去强求不属于自己的东西。

人们总喜欢活在别人的世界中,以自己看到的表面现象,对自己不了解的事情妄加评论,殊不知,正因为处处与别人相比,才难逃"自见,自是,自伐,自矜"的自以为是的错误。

有一年轻人出门办事要路径一座大山,家人叮咛:遇到野兽不必惊慌,爬到树上,野兽便奈何不了你。

年轻人小心翼翼地走了一段,未见老虎,便认为家人多心,正在这时,果然遇到一只老虎,连忙爬到树上,老虎围着树干咆哮不已,拼命想跳到树上吃人,年轻人惊慌失措不小心从树上掉下来,正好掉在猛虎背上,老虎受了惊吓,拔腿狂奔,年轻人惊出一身冷汗,紧抱虎脖不放。路人不知事情缘由,看到这一景象,十分羡慕,赞叹不已;"这个骑着老虎的年轻人多威风啊!不知是哪位神仙下凡这样快活。"虎背上的年轻人真是苦不堪言,"我吓得要死,怕得要命,骑虎难下,惶恐万分,不知命运如何?何言快活。"

人们常看到的是一些富人们的富贵悠闲,威风八面,岂不知他们或许此时正在愁苦不堪,不知所措。

管好自己,做好手头的工作,从小事做起,从每一件平凡的事情做起,不好高骛远,坚持四不。平安健康的一生就是对你的亲人最大的爱。有一些事情,当我们年轻的时候,无法懂得;当我们懂得的时候,已不再年轻。

魔力悄悄话

世上有些事可以弥补,有些东西永生难以弥补。如果你管不好自己,出了事,失去了你对亲人的爱,这将成为你一生的遗憾。

亲情如水

　　是什么样的思绪在安静的夜晚里悄悄泛起,随即那一点牵挂便涨满了整个心房? 是什么样的感动在一个毫不相关的瞬间突然掠过心头,让我们不由自主地回忆? 是祖父抚爱我们的粗糙的手掌,是外婆慈祥从容的笑容,是童年不苟言笑的父亲的脸,是母亲没完没了的叮咛,是兄弟姐妹互相争吵嬉闹的画面⋯⋯一张张平凡如水的剪影沉淀在岁月之河的深处,随着时间的流逝和年龄一起慢慢变得深沉耐读。

　　这是生命里最难忘的感动——亲情。

　　亲情没有隆重的形式,没有华丽的包装,它逶迤在生活的长卷中,如水一样浸满每一个空隙,无色无味,无香无影,于是也常常让我们在拥有时习以为常,在享受时无动于衷。

　　亲情是饭桌窗前的晏晏谈笑,是柴米油盐间的琐碎细腻;是满怀爱意的一个眼神,是求全责备的一声抱怨;是离别后辗转低回的牵挂,是重逢时相对无语的瞬间。常常,一个简单的电话,一句平常的问候,都是对亲情最生动的演绎和诠释。没有荡气回肠的故事,没有动人心魄的诗篇,从来不需要费心费力地想起呵护,却永远如水般静静的流荡在我们生活的每一个角落,悄悄滋养温暖着我们的身体和心灵。

　　亲情是最朴素最美丽的情,它不像爱情那样浓郁热烈,也不像友情那样清新芬芳,却是那么的缠绵不绝、余韵悠长。它不似爱情那样缘于两情相悦,也不是友情那样有着共同的需求,它和我们的血脉相连,与我们的生命相始终。爱情也许会流散死亡,友情也可能反目成仇,只有亲情永远是我们心中最温柔的角落。虽然常常我们会因为它平常而忽视,常常因为它朴素而会忘记,可是当我们伤痕累累,满心疲惫之时,最先想到的只能是我们最亲的亲人,只有他们可以不计得失敞开胸怀的接纳我们。

　　亲情不是浓烈的醇酒,不是甜美的饮品,它只不过是一杯纯净平淡的白开水,虽然无色无味,却是我们生活中不能须臾离开的。它不会让我们兴奋,却能让我们安静;它不会给我们刻骨难忘的体验,却始终为我们提供着不可或缺的营养。亲情中自有一份纯朴和自然,不用刻意的雕琢,在我们意识到时,它早已悄悄浸润在我们的指尖脉络中。

在纷繁的红尘世界,因为有了那一份亲情在,不管距离远近,无论喧嚣寂寞。我们的心始终是安然从容的。

亲情如水,纯净透明;水如亲情,绵延不绝……

魔力悄悄话

亲情中自有一份纯朴和自然,不用刻意的雕琢,在我们意识到时,它早已悄悄浸润在我们的指尖脉络中。

人生是风筝

每个人，一生都是一个被牵挂着的风筝。

儿时，你是父母手中的风筝。

那时候，你人小心大，总认为自己什么都可以做，干什么都行，总埋怨父母对你什么都管，对你什么都不放心，把你当风筝，既想让你在蓝天下飞翔，手中又牢牢攥紧了那根系在你身上的长线。

长大后，你才明白，那根线是一种责任，是一份父母对子女最无私的爱。

上学后，你成了老师手中的风筝。

上学前，父母嘱咐你，到学校要听老师的话，要遵守学校的纪律，实际上，是父母把那根系在你身上的长线交给了老师。

所以老师总是管这管那，而你一直都不是心甘情愿地接受老师的管教，叛逆成了你最正当最合理的借口，你总是努力想方设法摆脱老师手中的那根线。多年后，你才明白，那根线是一种责任，是一份老师对学生最深切的关爱。

工作后，你成了领导手中的风筝。

领导让你向东，你就得向东；领导让你向西，你不能向南向北。你想在蓝天中自由飞翔，你想飞得很高很远，可领导始终攥紧了自己手中的那根线，你想挣脱领导手中那根线，巨大风险又让你举步维艰。退休后，你才明白，那根线是一种责任，是一份领导对部属的关怀。

成家后，你成了妻子手中的风筝。

当你把妻子娶进家门后，父母就把手中的那根线交给了她，她开始履行自己的职责，一头在自己手中攥紧，一头在你身上系紧，你飞远时，就用力把你向怀中拽；你快落下时，她又使劲抖动手中的线，给你力量，让你重新飞起来。

有时候，你总埋怨妻子管得太多。到老了，你才明白，那根线是一种责任，是一份妻子对丈夫最深情的爱。

老了后,你又成了子女手中的风筝。

随着年龄的增长,子女对你管得越来越多,不让你吃这吃那,不让你干这干那,不让你去这去那,你感觉自己像一只风筝,有一根线被子女牢牢抓在手中;你感觉自己像一个没长大的儿童,什么事都需要子女叮嘱,什么事都需要子女帮助。

可假如真有一段时间,没有了子女的叮嘱,你还真感觉有些不适应。到那时,你才发现,那根线是一种责任,是一份子女对父母最孝敬的爱。

魔力悄悄话

人生是风筝,总有一根线牵着你,或长,或短。你在这头,爱你的人在那头。

生活的真谛

人，作为一个生物，逃脱不了生老病死。四季轮回，桃花开了又谢，柳叶绿了又青，不知不觉中，我们的青春年华在一点点地消逝，有时候，抬头望见广阔深邃的夜空挂着满天星斗，一轮明月普照着山川大地，心中都会涌起淡淡的伤感，那些星星不还是我儿时看到的那些星星吗，那月亮不还是照着我夏夜乘凉的月亮吗，时过境迁，当年田间地头山沟里到处撒野的小孩如今已经成为繁华都市里为前途打拼的青年，肩上已经担负起了责任。**责任，对于一个人来说，是一种压力，也是一种荣誉。生活的真谛是承担责任，幸福的含义是履行责任，人生的追求是完成责任，人活着应该牢记责任。**

那么什么是责任呢？对父母亲人尽孝是一种责任，此责任要及早担起，比尔·盖茨曾经说过的人生最不能等待的三件事情中就有一件是孝不能等待，这观点我极为赞同，"子欲孝而亲不在"的那种愧疚会是一种永久的遗憾，所以趁我们有机会孝敬父母就好好地孝敬吧，生育之恩养育之情，我们当恩报答以求心安。对兄弟朋友尽义是一种责任，所为尽义，虽不是八拜之交般的生死与共，但也确实应该肝胆相照诚心诚意。常有人感叹，人生得一知己足矣，可见茫茫人海中求一知音的艰难。我们的知音都是在兄弟朋友之间诞生，既是兄弟朋友，那必定不是有血缘关系的亲密就是有着志趣相投的爱好。短短人生，茫茫人海，相识是缘，相知是份，能在一起走过一段岁月都是非常的因缘际会，所以我们要珍惜，要对兄弟朋友履行相应的责任，忠人之事，助人之事当全力以赴求得无愧于心。对老婆孩子尽职是一种责任，老婆是前世修来姻缘陪你度过半生与你朝夕相处又为你奉献一切的人，她是冥冥之中老天赐给你的另一半的心智和身体，两个人自决定终身的那一刻起，就应该有着富贵贫病不弃不离到白头的坚定意志，对老婆的爱情，要忠要专，要尊重要关怀，要集所有的宽容大度聪明才智在爱巢里奉献给老婆，少年夫妻老来伴，美丽的容颜终有一天耐不住岁月的雕琢，当我们都满脸皱纹老得哪儿也去不了的时候，听到老婆说一句下辈子我还嫁给你时的甜蜜足以慰藉此生。孩子是家庭的未来,是快乐和希望的未来,做父母的尽养育教化之职历来是不畏艰苦的。

看完了这些责任,我们再来看看它是如何贯穿着我们的一生。

牢记责任是前提,担起责任是开始,履行责任是过程,完成责任是结果。我们的人生光阴真的很短,自出生之日起,我们每过一天就离着死亡之日近了一天,虽然这说法听起来很悲观,但却是不争的事实。

很多人忙于个人的事业,追逐于功名利禄,患得患失,钩心斗角,虽然吃的住的穿的用的,极尽豪华奢靡,但内心的孤独寂寞却让他们感觉不到一点幸福感,太大的工作压力让他们早就成了行走于钢筋水泥之间的机器,体会不到快乐,也无所谓追求,麻木着过了一天又一天,直到有一天老了回首人生都在问生活的真谛是什么。为什么呢,忙事业的时候想着等功成名就了给父母买金买银,现在却不能静下心来给父母打个电话,抽个闲来回家帮妈妈做顿饭,等功成名就的时候父母有的已经不在人世了。忙事业的时候想着等功成名就了带着兄弟朋友们鸡犬升天,现在却没时间陪兄弟朋友谈谈心事,帮帮生活中的困难,等功成名就的时候才发现很多兄弟朋友原来已经好些年没有联系了。忙事业的时候想着等功成名就了给老婆孩子富裕的物质生活,现在却没有时间来和老婆说说情话逛逛街,关心关心孩子的成长,等功成名的时候才发现原来红颜之己的妻子已经陌生得只是个同床共枕的人,才发现孩子已经是个叛逆的少年了……

从牢记责任到完成责任,这个过程中我们就会有很多的快乐。我们会在给予和付出的时候体会到了快乐和满足,对父母亲人,兄弟朋友,老婆孩子尽到了我们的责任,我们的人生便一直都会是快乐充实清晰明亮的。

魔力悄悄话

现在的社会,我们每个人最缺失的就是心灵的宁静,如果在忙事业的时候多些坦然地面对生活,面对那些责任,那么每天都快乐着,该有多好。

爱在付出中永恒

百年光阴匆匆而过,而人便从这百年光阴中经历一番有悲有喜的历程。其中必定少不了欢笑,也必定少不了眼泪。人,终究要经历人生百态,而从中人们必定会或多或少地获得人生感悟。有感悟是好的,但必须要付出一定的代价,即为——责任。我们的生命是我们的父母给予的。因此,我们的一切也便都是属于我们父母的,但我们的父母却不会从我们的身上获取丝毫,相反,他们却会把自己的一切都给我们,包括时间、金钱。但是,在这个世界上,却有不孝之子,他们不爱父母,不尽责,更不懂得付出!

世界就像一个平衡的天平,丑陋与美丽并存,善良与邪恶共生。有不孝子,也就有孝子。他们懂得付出,他们将自己的爱倾注于父母,也将自己的爱倾注于自己的儿女。他们,是伟大的,是值得人们赞颂的。他们,会在付出中得到永恒。

每个人都承担着责任,而面对着责任,有人想到的,是逃避,是退缩。但那是错误的,自己应该承担的总会落到自己的头上,逃避不了,也退缩不了,该做的终究要做,该付出的也终究要付出!

永远不要认为责任是坏事,人只有在责任中才会得到经验和教训,才会从中变得成熟,才会获得无数的本领和技能,才会获得人成长所必需的条件,才能用肩膀撑起一片天地,为亲人营造美好的生活。

魔力悄悄话

为人子女,我们要尊重父母,尊重他们的劳动,关心他们。好好学习,不让他们在为我们过好生活而努力挣钱养家的同时为我们操太多的心;不乱花钱,父母挣钱很辛苦不该浪费他们的血汗。

第四章
让理解相随

　　生活,就是一种体谅,一种理解。懂得体谅,懂得理解,懂得宽容,日子就会温馨,也会安宁。人生的路上,如果缺少体谅,不能理解,没有谦让,日子就难安宁。生活的好多烦恼,源于我们不能体谅,过分在意了自己的主张,互不理解,互不相让,伤了彼此的心灵。人生体谅很难,理解不易,生活最好懂得体谅。每个人都有自己的路要走,不管是笔直的坦途,还是阡陌的小道。每个人都有自己的人要遇,不管是携手的人,还是擦肩的客。所以,不要羡慕别人的生活,不要评价别人对错,不要计较付出与收获。

领悟亲情

冰心说道:"爱在左,同情在右,走在生命的两旁,随时撒种,随时开花,将这一径长途,点缀得香花弥漫,使穿枝拂叶的行人,踏着荆棘,不觉得痛苦,有泪可落,却不是悲凉。"

这爱情,这友情,再加上一份亲情,便一定可以使你的生命之树翠绿茂盛,无论是阳光下,这是风雨里,都可以闪耀出一种读之即在的光荣了。

亲情是一种深度,友情是一种广度,而爱情则是一种纯度。

亲情是一种没有条件、不求回报的阳光沐浴;友情是一种浩荡宏大、可以随时安然栖息的理解堤岸;而爱情则是一种神秘无边、可以使歌至忘情泪至潇洒的心灵照耀。

"人生一世,亲情、友情、爱情三者缺一,已为遗憾;三者缺二,实为可怜;三者皆缺,活而如亡!"体验了亲情的深度,领略了友情的广度,拥有了爱情的纯度,这样的人生,才称得上是名副其实的人。

魔力悄悄话

亲情是一种没有条件、不求回报的阳光沐浴;友情是一种浩荡宏大、可以随时安然栖息的理解堤岸;而爱情则是一种神秘无边、可以使歌至忘情泪至潇洒的心灵照耀。

生活就是体谅和理解

生活,就是一种体谅,一种理解。懂得体谅,懂得理解,懂得宽容,日子就会温馨,也会安宁。人生的路上,如果缺少体谅,不能理解,没有谦让,日子就难安宁。生活的好多烦恼,源于我们不能体谅,过分在意了自己的主张,互不理解,互不相让,伤了彼此的心灵。人生体谅很难,理解不易,生活最好懂得体谅。每个人都有自己的路要走,不管是笔直的坦途,还是阡陌的小道。

每个人都有自己的事要做,不论是开心的事,还是悲伤的事。每个人都有自己的人要遇,不管是携手的人,还是擦肩的客。所以,不要羡慕别人的生活,不要评价别人对错,不要计较付出与收获。宠辱不惊,去留无意,只要快乐,你就什么都不缺。

上帝是公平的,一边给你苦难,一边给你快乐。生活的苦与乐总在更迭,没有谁的命运是完美的,残缺才是一种大美。快乐是精华,能让我们信心十足,痛苦是良药,能让我们顽强支撑。别为难自己,别苛求自己,拓宽自己的心,让它包容伤害和痛苦。心宽了,烦恼自然就少了,日子自然就顺了,人生自然就自在了。

一首歌唤起了一段记忆,一杯茶味染了一种心情,读懂了时光,才知道自己需要的是什么。原来,千般跋涉,万种找寻,需要的不过是一颗平常心。识得进退,懂得回归,以平常心对待生活,生活无处不是坦途。以平常心看待人生,人生无处不是胜境。

人生如潮,涨退更迭,唏嘘之间,总有失意,冥冥之中,总有彷徨。迷茫的眼睛,看不到云卷云舒,朦胧的心境,找不到花开花落。我们感喟时运不济,命运多舛之时,忘记了人定胜天,事在人为。人生苦短,何必自哀,自怨。给自己一个微笑,给自己一个信心,给自己一份淡然心绪,给自己一种宁静气魄,荣辱皆忘。

总想努力工作认真生活,总想待人真诚保持微笑。总想永怀希望从不绝望,总想善待家人友爱朋友,总想心怀感恩乐观向上。却发现生活中总有一些路,一直难行。总有太多期待一直失望,总有太多梦想一直落空,总有太多言语无人可诉。总想逃离纷争,被现实牵绊,总有很多不平,一直无奈。

走过的路长了,遇见的人多了,经历的事杂了。不经意间发现,人生最曼妙的风景是内心的淡定与从容,头脑的睿智与清醒。人生最奢侈的拥有是一颗不老的童心,一个生生不息的信念,一个健康的身体,一个永远牵手的爱人。一个自由的心态,一份喜欢的工作,一份安稳的睡眠,一份享受生活的美好心情。

人到中年,不光是一个悟字就可以了的。中年是一个担当的年龄,上有老人年已迈,下有孩子未成年。右手挽着父母,左手牵着孩子,家人生病你担心,孩子不乖你生气,工作出错你着急,没钱办事你发愁。沧桑世事,负累几许,告诉自己:快乐人生是一半清醒,一半醉,心分两半,一半清醒做事,另一半包容理解。

人生之事岂能尽如我意,生活如戏,哭笑皆由人,悲喜自己定。用单纯的眼光看待人生,你将少掉许多莫名的烦恼,用幸福的脚印丈量生活,你会步履轻盈洒脱。用感恩的心去,面对帮你的人,你会发现他们的优点都值得欣赏。用宽容的心去面对伤你的人,你会觉得他们都不容易,即使他们有错误,你也不会为之生气。人生,总有许多沟坎需要跨越,岁月,总有许多遗憾需要弥补,生命,总有许多迷茫需要领悟。

有些事,轻轻放下,未必不是轻松。有些人,深深记住,未必不是幸福。有些痛,淡淡看开,未必不是历练。

魔力悄悄话

坎坷路途,给身边一份温暖,风雨人生,给自己一个微笑。生活,就是体谅和理解,把快乐装在心中,静静融化,慢慢扩散!

心中常存别人

谁都渴望得到别人的尊重,因为那是发自内心的一种呼唤,一种默契温存的美好感情!要想得到别人的尊重,首先要学会尊重别人。这是一种信条,一种品质,一种内涵,一种素养,一种美德,一种幸福。

得到朋友帮助,道一声感谢;妨碍朋友做事,说一声道歉;为朋友取得的成功喝彩;和朋友分享快乐的喜悦;耐心倾听对方的言辞;共同感受风雨兼程的岁月……一句句关爱的话语,一个个灿烂的微笑,一张张祝福的卡片,都是难以估量的力量。彼此的尊重,会如雨季的花朵,在生命的心尖争艳绽放。

呆呆独立在空旷无人的黄昏中,任雨丝飘飞在脸上,周围昏暗的灯光照着我憔悴的容颜,脸上的水分不清是泪还是雨。

被人忽视,被人冷落,被人妄言,被人触怒,被人伤害自尊的滋味,夹杂着纷飞的雨丝漫过心海,抵达我的骨髓,沁入我的毛骨,让我不寒而栗。我从未奢求过甜言蜜语,浪漫情怀,只希望用一颗平常的心态得到相互间的尊重,哪怕一个字,一句话,一举手,一投足,一抹笑……

简单的一件事,让眼神充满无法掩饰的愤恨;在责骂声中影响彼此内心残存的美好;在本来和谐的空气中制造紧张的麻木;在对方的心里留下挥之不去的阴影……心底在呼唤着,反思着,心乱如麻。

多少的爱融化不了内心的坚冰?多少的情温暖不了如石头般的心灵?努力地奉献,尽情的包容,坦诚地相待,换来的是一身的劳疾,满心的恨。

纷飞的雨路,心情如压了铅块似的,无比沉重!又如秋雨绵绵的天空,久久晴不起来。快乐的日子偶尔披着露水散发出迷人的香气,也犹如昙花一现,极为短暂。此时,快乐的余香被烦恼冲淡,消失的无影无踪。

人的一生匆匆忙忙,有缘才能走在一起。学会尊重,为对方营造一个身心愉悦的空间,何乐而不为?伤害只能让彼此的心灵增加更多的迷惑,更多羁绊的枷锁。心是软弱的,伤害了就会有印子,再弥补可能已经迟了,因为

人生苦短。

"润物细无声"。尊重其实很简单,他常常发生在我们不经意的举动中,来自彼此的尊敬和爱。有了爱,才有了博大的世界,有了宽广的胸怀,身边便处处都洒满了尊重的种子。

尊重,是一种美好的情感!学会尊重,爱的花香就会在雨季飘香!

魔力悄悄话

只有心存别人的人才是拥有自己的人,只有尊重他人的人才能拥有更多的尊重和快乐。中华上下五千年文化,要在我们手中传承,心存一面镜子,照耀自己,照亮别人!

幸福不是单纯的快乐

每个人对幸福的理解不同,对幸福的要求也不同。幸福也许是早晨的一缕阳光,也许是亲人一句关切的话语,更或许是朋友之间一通电话的问候……幸福的诠释有很多种,但是给予我们的感受是一样的,那就是幸福。

幸福不是单纯的快乐,而是一种潜藏在内心深处的愉悦,是一种超越言语的快感,是一种活出本我的率真,是一种对生活的敬意和激情,更是一种对生命的感动和珍视。

忙碌的我们总是给予幸福很高的要求,以至于我们的要求达不到预期的效果,有种低迷的状态、常常感觉自己很辛苦、不幸福。意欲的不满足是人生的痛苦,意欲的满足亦是人生的痛苦,这是一个悲剧性的人生怪圈。是否能够走出这个怪圈,关键还在于我们的心之感受。

在这个浮躁不堪的时代,在这个纷扰喧嚣的社会,它扰乱了我们的心智,在幸福的定义上加上莫名的筹码。以至于让我们的心无法承受之重量,感受不到除此之外的幸福感觉。

在生活和工作中,物质和金钱掩盖住了我们感受幸福的双眼,它让我们迷茫失措,不知该寻求什么,从而忽视了我们身边一切美好的事物,也使我们失去感受幸福的权利。

幸福是一种积极乐观的心态,是一种博爱的情怀,是一种超然物欲的满足和释怀。幸福与贫富无关,与地位无关。人之幸福全在心之幸福。

魔力悄悄话

其实,幸福就在我们的身边,只有我们用心感受,就一定能够感觉到我们拥有很多的幸福!

学会理解　善待自己

　　人生的过程坎坎坷坷,其实有很多的无奈。如果简简单单的一味去争斗,势必让自己和他人无论在心灵上还是生活之中,无形之中产生许许多多的不必要的、挥之不去的麻烦。而面对自己周围无可预见的一切,能不能有效地进行调整,八方神圣,各有高见,那么肚大能容能容天下之事就不能不说是一种应对之中的上策了。

　　放开你的胸怀,笑对那些无可奈何的人生百态,淡定自己的心态,面对从天而降、突如其来的风风雨雨,善意的理解就是一种无比高贵的语言。那是每一个崇高心灵静默的一种升华体现。

　　无论何时何地,多一分理解,就会多一分温暖,多一分理解,就会多一分感动;多一分理解,就会多一层美好。而理解是相互的,没有纯粹的去理解,也没有纯粹的被理解,理解是人心与心的对话。只有首先去理解别人,才能被别人所理解,如果,每一个人都只是一味地去索取,那么又哪来的回报,理解是一种换位思考,也是对大千世界人生的一种领悟,或者说一种彻悟。

　　只有胸怀坦荡的人,只有敞开心扉的人,才会真正的用人性的善良,才会用火热的爱心去理解别人的痛楚。理解了别人的需求,也理解付出的内涵与本质。

　　理解的背后,拥有着一个白璧无瑕纯静的灵魂。理解是幸福的基石,幸福是一种情感的回味与感动,幸福是人领悟的一种感觉,透彻地去理解人们之间的内心深处的感觉,会成就我们的幸福指数。因为理解与被理解是孪生的,理解会给别人带去幸福,而被理解会让我们自己幸福在别人的快乐与自己的愉悦里,理解与被理解,付出与得到当中会是一种情感的皈依。当自己的心灵没有累赘时,当你的回忆没有悔恨时,那或许就是幸福的源泉所在吧。

　　理解亲情,让我们在人生之中学会感恩与回报亲情,是我们不可回避的面世的第一份感情。深厚而浓郁亲情所在,倾尽了父母兄弟姐妹的一生,也蕴含了手足的血浓于水的同心。爱有各种各样的表达方式,或含蓄,或直接,或温柔,或激烈。

千万别用你的不理解和大意地去伤害他,也别让你的偏执去无端地误解,而理解亲情的无私与博大,就是学会在点滴之中去感动,继而不断地把亲情的感恩根深蒂固。只有我们拥有一颗赤子般感恩的心去感触亲情的时候,我们才能够会用更深的爱去回报。

理解友情。尽管我们可以有一千个理由放弃那些我们认为虚假存在的所谓友情,但是人们的相互依存是无可回避的事实所在。只有珍惜友情,才能打开我们社会交往的大门,高高兴兴的享受生命带给每一个人的美好存在。

让我们执着于感动与拥有友情,理解则是我们人生里的一面帆,也是我们前进路上的一盏灯,是生活历程里长久的一种快乐,也是坦途坎坷中融合的一种温暖。

理解笑容里的坦诚,哪怕是一丝一毫。理解问候里的关切,哪怕是虚伪和惦记同在。用宽容去包纳疏忽,用热情去化解矛盾,感动于平实生活里的一路相伴,领略互勉互助里的一生拥有。

理解爱情。让我们懂得珍惜和付出在爱与被爱里,那可能只是在某时某刻的一瞬间,我们都应该加倍的珍惜。而我们说得最多的大概就是理解与不理解。

只是在真的面对时,我们却总想着被对方理解而忽略了去理解对方,于是,便在误解与揣测中伤着了彼此。而当我们伸出双手,再也抓不到曾经的温馨和深情时,才似乎觉醒,或许曾是自己的不理解撕碎了永恒的爱,而此时手掌早已成空,空留一袖秋风。

因此,请理解忙碌之后的满身疲惫;请理解等待之中的漫长寂寞;请理解唠叨里隐藏的关爱;请理解平实里蕴含的真情。理解多了,抱怨少了,伤害少了,爱也就浓了。

面对着要相守一生的种种情感,好好地珍惜你手心里面存在的拥有,付出你心口的所有一切。

理解生活。生活里有着或平凡或热烈、或缤纷或单一的方式只有领悟了生活本身的真谛,才会让我们过得轻松只要不是一事无成,只要心中有梦,只要心里有爱,请不要用金钱与名利去衡量成功与失败,平凡不是平庸,平凡只是淡化了困扰人的一些功利名位的欲望。

　　热烈不是普通,都热烈就无所谓普通,毕竟活得轰轰烈烈的人只是少数,学会用一颗平常心去对待凡尘事,试问世间,繁华散尽后,浮躁平复后,权欲钱财的背后,又留下多少苍凉,又曾有多少悔悟,多少迷失,在幡然醒悟后,却发现人生已近谢幕,空留一世的遗憾与悲怆。

魔力悄悄话

　　人生在世,请让你的理解与日月相随,理解了别人,也就理解了自己。学会了理解,其实最终我们都是在善待自己。

理解得与失

大道理是极简单的,简单到一两句话就能说明白。世间琐事难就难在简单。简单不是敷衍了事,也不是单纯幼稚,而是最高级别的智慧,是成熟睿智的表现。完美的常常是简单的。学会了简单,其实真不简单。

学会低调,取舍间,必有得失。做自己的决定,然后准备好承担后果。慎言,独立,学会妥协的同时,也要坚持自己的底线。明白付出并不一定有结果。过去的事情可以不忘记,但一定要放下。

人,能真正坚持一辈子的东西太少了!很多的东西,抓住了,最后却又放开了,很多的事情,能回忆,却已无法回头!在我们初落凡尘时,手中紧握的就只是一张单程票,始终只能向前,没法改悔。

人,只要还活着,就是在生活,每天都要面对生活。它有时确实很残酷,让我们很无奈。让我们感慨生活的艰辛,埋怨命运的不公。但是,生活中,多一点感激,就会少一些怨恨;多一点理解,就会少一些误会;多一点宽容,就会少一些矛盾;每个人都多付出一份心意,生活就会变得更加美好,你也会变得更加快乐。

人生只为错过的遗憾,不为做过的后悔。没有在最想做的时候去做的事情,都是人生的遗憾。人生需要深思熟虑,也需要偶尔的冲动。当你特别想做某件事时,最好能马上行动,不要总是和那些人生的美好擦肩而过。

魔力悄悄话

冲动也许会让你后悔,但错过一定会让你遗憾。不要忧虑太多,优柔寡断只会让你坐失良机。

理解是一种高贵的语言

　　理解是一种高贵的语言,是心灵静默的一种升华。多一分理解,就多一分温暖,多一分理解,就多一分感动;多一分理解,就会多一层美好,理解是相互的,没有纯粹的去理解,也没有纯粹的被理解,理解是心与心的对话,只有首先去理解别人,才能被别人所理解,如果都只是一味地去索取,又哪来回报?理解是一种换位思考,也是对人生的一种领悟,或者说一种彻悟。

　　只有胸怀坦荡的人,只有敞开心扉的人,才会用人性的善良,才会用火热的爱心去理解别人的痛楚,理解别人的需求,也理解付出的内涵与本质。

　　理解的背后拥有着一个纯净的灵魂,理解是幸福的基石,幸福是一种情感的回味与感动,幸福是人领悟的一种感觉,透彻地去理解会成就我们的幸福,因为理解与被理解是孪生的,理解会给别人带去幸福,而被理解会让我们自己幸福在别人的快乐与自己的愉悦里,理解与被理解,付出与得到当中会是一种情感的归依,当心灵没有累赘时,当回忆没有悔恨时那或许就是幸福的源泉吧。

　　有一个精神病人,以为自己是一只蘑菇,每天都撑着一把伞蹲在房间的墙角里。心理医生也撑了一把伞,蹲坐在了病人的旁边。回答病人说:我也是一只蘑菇呀——当一个人悲伤得难以自持的时候,也许,他不需要太多的劝解和安慰,需要的,只是能有一个人在他身边蹲下来,陪他做一只蘑菇。

　　这个故事估摸着许多人听过。于我而言,实际上,它传达的是一种人其实无法被理解的意思。当你处于某个精神痛苦期的时候,你很可能就会期许旁人的聆听和理解。但是,大多数情况,聆听并且企图理解的一方是无法达到你的期许的。所以,才会有,我们需要的不是太多的劝解和安慰,需要的只是一个人的存在。言语一表达出来,就有错误的可能。相反,沉默会给需要被理解的一方自我选择,即,不管你有没有理解他/她,他/她一般都会当作你理解了的。而这,并不需要确证。

亲情力——可怜天下父母心

以我自己的经验，我是不相信这个世界上真存在着一个能够完全理解你的人。可能性虽然不能抹杀，但是对于大多数人来讲，这是成立的。也就是说，我们每个人被完全理解的可能性几乎为 0。但是，也不必丧气，因为，这可以通过我们每个人去发现去理解其他人的过程弥补。

魔力悄悄话

人生在世，请让理解相随，理解别人，也理解自己。学会理解，其实最终我们是在善待自己。

第五章
美德似碑

　　古往今来,崇尚和树立美德不仅成为历代仁人贤士的毕生追求,而且是治国兴邦的重要一环。确切来说:一个人,一个家庭乃至一个国家,一个民族,都有自己的美德和道德规范,有属于自己推崇和倡导的美德理论,美德化生及美德取向。漠视和鄙弃美德,甚至缺乏美德,其结果如同生命中缺少阳光雨露一样,人的心灵就会出现荒漠,继而导致道德的滑坡,愚昧的孳生,心理的扭曲,后果无疑是可怕的。人生需要用一颗感善的心灵去欣赏,而不要只用一双忙碌的眼睛去观看,因为人生如果缺少欣赏,就会缺少很多乐趣。

学会欣赏别人

欣赏别人的作品,从而宽阔自己的视野和胸怀。从这一角度来说,欣赏是一种互补,是一种冶炼,是自身修养不断提升的捷径。欣赏别人,更是一种气度,一种发现,一种理解,一种智慧,一种境界。一个善于欣赏别人的人,必定是一个丰富的人;一个被别人欣赏的人,必定是一个出色的人。如果我们不能做一个出色的人,那就做一个丰富的人好了。

欣赏别人,是对别人的尊重。生活中,有的人激情似火,有的人深沉如海,有的人沧桑而质朴,有的人浅薄而浮华,生活就是这样多姿多彩,我们又何必为了寻求自身价值而抵触别人合理的存在? 要知道,生活自有它的逻辑,丑恶的终将让位于美好的,虚幻的终将被真实所代替,短暂的终归短暂,永恒的绝对永恒。因此,**欣赏别人就是对别人的尊重。聪明的人在欣赏别人的同时,也在悄悄地提高自己;愚蠢的人只能看到别人的不足之处,看不到别人的优点和长处。**

当你用一种平常的心境去认识一个人、结交一个人的时候,你便没有了一些私情杂念,你们便可以自由随意的交往,心也会一点点的交融,真正的朋友便会在你欣赏的眼光中向你走来。友情同样是生命中不可缺少的东西,在你拥有了很多真心朋友的时候,你才会感觉到生命的快乐。拥有一个好朋友,比拥有一段情感要平实得多。而朋友则不同,你可以在拥有朋友的同时,体味到人性的纯美、真情的可贵。友情同样是一种爱,一种更高尚、更至纯的爱。我们周围并非人人出色,但每个人都有自己独特的一面。因此,在生活中,不要忘记欣赏别人。欣赏别人,赞美别人是有益的。我们会由此获得良好的人际关系,也会在赞美别人中净化自己,提高自己。

当真正走进一个人的心灵去欣赏别人时,这是欣赏的最高境界,也是最大的幸福和收益。所以学会欣赏别人是走进别人心灵去欣赏,这需要才智加勇气加真诚,心诚则灵,总是可以走进去的,一旦走进了别人的心灵你欣赏到的就是真实。欣赏一个人,首先是解读,走进去了就得会读,把别人读懂,读不懂你怎么去欣赏,有些人越处越处不下去,一个很关键的问题,就是可能没读懂对方,读不懂怎么能言而由衷,言而有悦呢? 怎么能志相同道相合呢? 欣赏不是让你去活在别人的影子里,而是欣赏别人的个性,欣赏别人的情感,欣赏别人的才华,欣赏别人的富有等等,在欣赏的过程中发现,在发现的过程中欣赏。在欣赏过程中升华,不断提高欣赏的层次与深度,在欣赏中享受快乐与激情与动力,以至在欣赏中思考自己,寻找自己,正视自己,修正自己。

魔力悄悄话

我们要学会欣赏别人,通过欣赏别人来使自己获得提高,可以说是一件一举两得的事。即可以通过学习别人而受益,又可以建立良好的人际关系,又何乐而不为?

美德的力量

有一位哲学家带着他的弟子游学世界。在游历了许多国家,拜访了许多著名的学府之后,个个满腹经纶的他们回到了出发地。进城之前,哲学家和他的弟子在郊外的一片草地上坐了下来。哲学家说:"在你们结束学业的时候,今天我们上最后一课。你们看,在我们周围的旷野里,长满了野草,现在我想知道的是如何铲除这些野草?"针对老师的提问,弟子们非常惊愕。他们都没有想到,一直在探讨人生奥妙的哲学家,最后一课问的竟是这么一个简单的问题。

一个弟子首先开口:"老师,只要有一把铲刀就够了。"哲学家点点头。"用火烧也是很好的办法。""撒上石灰,可以铲掉所有的野草。""斩草除根,只要把根挖出来就行。"……

等弟子都讲完了,哲学家站起来说:"课就上到这里,你们回去后,各按照自己的办法除去一片杂草。没有除掉的,一年后的今天再来相聚。"

一年后,他们都来了。不过他们发现原来相聚的地方不再是杂草丛生,而是一片长满谷子的庄稼地。他们来到去年就座的地方未见到哲学家,却发现一张纸条,上面写着:"**要想铲除旷野里的杂草,最好的方法就是让庄稼长势良好。同样,要想让灵魂无纷扰,唯一的方法就是用美德去占据它。**"

魔力悄悄话

美德是一个人操守言行的总和,是人格素养的标杆。美德似碑,默然耸立,感召他人;美德似冰,高洁无暇,净化心灵;美德如河流,愈深愈无声,润泽精神的家园。

感恩是一种美德

感恩是人性善的反映，是一种品德，是一种生活态度，是一种健康心态，是一种做人的境界。知恩、感恩、抱恩是中华民族的光荣传统和优良美德。古语说："滴水之恩，涌泉相报"身处封建社会的先祖，尚且懂得知恩、感恩、报恩，何况我们生活在社会主义社会的新人，怎能不用一颗感恩的心去融入生活，融入社会。

不懂得感恩的人是自私自利的人。这种人以我为圆心，以利为半径，凡事只想自己的一己私利。这种人私利得不到满足，轻则郁郁寡欢，死气沉沉，重则牢骚满腹，怨天尤人，甚者指桑骂槐，暴跳如雷。这种人知恩不报，何谈感恩。

懂得感恩的人，就得热爱生活，要有一颗海纳百川的心，来接纳生活的恩赐。

一个人，只要用一颗感恩的心去生活，去体会，去领略，就没有埋怨，没有嫉妒，就没有愤愤不平。当我们常怀一颗感恩的心去生活，一切烦人的事、怨恨的事都会微不足道。工作的压力、生活的艰辛、官场的险恶，都会在我们的谈笑中烟消云散。

学会感恩，就是让我们首先要懂得生命的真谛，懂得生活的乐趣。一个人只有懂得感恩，才能学会宽容、承接、付出、感动，才懂得回报。用微笑对待世界，对待人生，对待朋友，对待困难，就会每天都有一个好心情，幸福地生活每一天。

懂得感恩，就懂得理解和豁达，就有容人之心，也就能诚实守信。因为他时刻记挂着别人的"好处"，能理解"善良"的含义，这样的人多行"善事"，常做好事，是有益于人民的人。

懂得感恩，定然很注重礼节。当别人对自己以帮助、援助、关心、爱抚时，会真诚地说一声"谢谢"，这其实就是最好的、最真切的回报。他会在出现无意的过失或错误时对别人说声"对不起"，并及时补救，这种真诚的语言,胜过千言万语。

朱子治家格言上说:一粥一饭,当思来之不易;半丝半缕,恒念物力维艰。目的就是要让我们懂得感恩和节俭。

时时怀着感恩的心是一种善良的美德,也是一个做人的基本条件。知足的人都懂得感恩,能对一花一草、一山一水都表示谢意的人,他的人生必定是丰富而富足的。

美国某城市有一位史蒂文斯先生,突然失业了。他是一个程序员,在软件公司干了8年,他一直以为将在这里做到退休,然后拿着优厚的退休金颐养天年。然而,公司却突然倒闭了。史蒂文斯的第三个儿子刚刚降生,重新工作迫在眉睫。然而一个月过去了,他没找到工作。除了编程序,他一无所长。

终于,他在报上看到一家软件公司要招聘程序员,待遇不错。他揣着资料,满怀希望的赶到公司。应聘的人数超乎想象,很明显,竞争将会异常激烈。

经过简单交谈,公司通知他一个星期后参加笔试。凭着过硬的专业知识,笔试中,他轻松过关,两天后面试。他对自己8年的工作经验无比自信,坚信面试不会有太大的麻烦。

然而,考官的问题是关于软件业未来的发展方向,这些问题,他竟从未认真思考过,因此,他被告知应聘失败了。

史蒂文斯觉得公司对软件业的理解,令他耳目一新,虽然应聘失败,可他感觉收获不小,有必要给公司写封信,以表感谢之情。于是立即提笔写道:"贵公司花费人力、物力,为我提供了笔试、面试的机会。虽然落聘,但通过应聘使我大长见识,获益匪浅。感谢你们为之付出的劳动,谢谢!"这是一封与众不同的信,落聘的人没有不满,毫无怨言,竟然还给公司写来感谢信,真是闻所未闻。这封信被层层上递,最后送到总裁的办公室。总裁看了信后,一言不发,把它锁进了抽屉。

3个月后,新年来临,史蒂文斯先生收到了一张精美的新年贺卡,上面写着:尊敬的史蒂文斯先生,如果您愿意,请和我们共度新年。贺卡是他上次应聘的公司寄来的。

原来,公司出现空缺,他们想到了品德高尚的史蒂文斯。这家公司是现在闻名世界的美国微软公司。十几年后,史蒂文斯先生凭着出色的业绩一直做到了副总裁。

虽然人人都知道感恩是一种美德,然而在一个日益被商品和市场化的社会中,在一个金钱变得日益无所不能的环境内,我们似乎正在忘记感恩。如果以感恩的心态面对一切,即使遭遇失败,人生也会变得异常精彩。感恩是富裕的人生,她是一种深刻的感受,能够增强个人的魅力,开启神奇的力量之门,发掘出无穷的智能。

魔力悄悄话

感恩,是幸福的起点,也是奋进的源泉。因为感恩,所以惜缘、惜福。时时怀着一颗感恩的心,最大的受益人不是别人,而是自己。

崇尚美德

美德是什么？恐怕三言两语难以尽述，似乎也没有标准答案。美德应是一个人操守言行的总和，是人格素养的标杆。美德似碑，默然耸立，感召他人；美德似冰，高洁无暇，净化心灵；美德如河流，愈深愈无声，润泽精神的家园。

古往今来，崇尚和树立美德不仅成为历代仁人贤士的毕生追求，而且是治国兴邦的重要一环。确切来说：一个人，一个家庭乃至一个国家，一个民族，都有自己的美德和道德规范，有属于自己推崇和倡导的美德理论，美德化生及美德取向。

漠视和鄙弃美德，甚至缺乏美德，其结果如同生命中缺少阳光雨露一样，人的心灵就会出现荒漠，继而导致道德的滑坡，愚昧的滋生，心理的扭曲，后果无疑是可怕的。

有句老话：人无完人，金无足赤。但这不能成为不崇尚美德的托词。正因为人无完人，故而应在生命的旅程中尽力弥补人格的缺陷，倾心追求道德的完美，时时都能以得律己，用人性的光辉照耀他人，用人格的魅力感染他人，惠泽他人。

倘若大部分人都去这样想了，这样做了，恐怕这世界就会少些愚昧、冷漠和争斗，多一些阳光和真情，多一缕爱的春风。

美德的树立及养成，绝非一朝一夕的事，它是一个人心理，素养，品格的综合反映，这就决定了它有赖于长期的修炼和培养，艰苦的磨砺教化以及自觉的身体力行。作为人格的流露和外观，美德又是一种极具静态的默然行动，它不容亵渎玷污，也不容刻意装饰，必须建立在严于律己，宽以待人的基础之上的。 一个满脑子私心杂念的人，是不可能具备美德的。正如哈利法克斯所说的那样，真正的美德如河流，愈深愈无声。

要具备美德，首先就要讲道德，有道德。倘使一个人连起码的良知都没有了，树立美德那只能是奢谈。环顾社会，我们不难发现，许多人因美德的感召和默化而美好;美德的树立,则是人类在不断繁衍生息的过程中,自我修整,自我完善的结果。如果美德愈深广,功利和世俗就会少一些。因而一个大写的人字,是以美德做基石,靠追求美德;尽可能以自己美好的德行去完善自我的人生。

魔力悄悄话

　　漠视和鄙弃美德,甚至缺乏美德,其结果如同生命中缺少阳光雨露一样,人的心灵就会出现荒漠,继而导致道德的滑坡,愚昧的滋生,心理的扭曲,后果无疑是可怕的。

美德是善良的灵魂

有一天,俄罗斯著名的油画家列维坦独自一人到森林里去写生。当他沿着森林走到一座山崖的边上,正是清晨时分。他忽然看到山崖的那一边被初升的太阳照耀出他从来没有见过的一种美丽景色的时候,他站在山崖上感动得泪如雨下。

同样,德国的著名诗人歌德,有一次听到了贝多芬的交响乐,被音乐所感动,以至泪如雨下。另一位俄罗斯的文学家托尔斯泰,听到柴可夫斯基的第一弦乐四重奏第二乐章《如歌的行板》的时候,一样被音乐感动而热泪盈眶。

无论是列维坦为美丽的景色而感动,还是歌德和托尔斯泰为动人的音乐而感动,他们都能够真诚地流下自己的眼泪。如今,我们还能够像他们一样会感动,会流泪吗?

提出这样的问题,是因为我们现在面对世界的一切值得感动的事情,已经变得麻木,变得容易和感动擦肩而过,或根本掉头而去,或司空见惯得熟视无睹而铁石心肠。我们不是不会流泪,而是那眼泪更多是为一己的失去或伤心而流,不是为他人而流。

回答这样的问题,首先要问列维坦、歌德和托尔斯泰,为什么会被仅仅是一种客观的景色、一种偶然的音乐而感动?那是因为他们的心中存有善良而敏感的一隅。感动的本质和核心是善,失去或缺少了内心深处哪怕尚存的一点点善,感动就无从谈起,感动就会如同风中的蒲公英离我们远去。

所以,我们说:善是感动深埋在内心的根系,只有内心里有善,才能够长出感动的枝干,因感动而流下的眼泪,只是那枝头上迸发开放出的花朵。

内心里拥有善,才会看见弱小而感动得自觉前去扶助,才会看见贫穷而情不自禁地产生同情,才会看见寒冷而愿意去雪中送炭。善是我们内心最可宝贵的财富,是我们民族历史中最可珍惜的传统,是我们彼此赖以生存和心灵相通的链环。

悲欢离合一杯酒,南北东西万里程,沉淀在我们酒液里的和融化在我们脚步中的,都是这样一点一滴播撒和积累下的善,让我们在感动别人的同时,也被别人所感动着,从而形成一泓循环的水流,滋润着我们哪怕苦涩而艰难的日子,帮助我们度过了相濡以沫的人生。

在一个商业时代里,有的人迅速发财致富,富得只剩下钱了,可以去花天酒地,一掷千金,却唯独缺少了善,感动自然就无从谈起。欲望在膨胀,善已经被钱蛀空,爱便也就容易移花接木蜕变成了寻花问柳的肉欲,感动自然就容易被感受和性感所替代。虽然,感受和感动只是一字之差,感受却可以包括享受在内一切物质的向往和欲望,感动却是纯粹属于精神范畴的活动。因此,感受是属于感官的,感动是属于心灵的。感受是属于现实主义的,感动是属于浪漫主义的。就不要再拿性感和感动相比了,虽然那也只是一字之差,却早已经是差之千里。

所以,有的人可能自己依旧不富裕,但内心里依然保存着祖传下来的那一份善,将如今已经变得越发珍贵的感动保留在自己的内心,他的内心便是富有的,如一棵大树盛开出满枝的花朵,结出满枝的果实。

在一个商业社会里,貌似花团锦簇的爱很容易被制作成色彩缤纷的各种商品,比如情人节里用金纸包裹的玫瑰或圣诞节时以滚烫语言印制的贺卡,以及电视中将爱夸张成为卿卿我我不离嘴的肥皂剧,有时也会让你感动,那样的感动是虚假的,如同果树上开的谎花儿,是不结果的。而在这样的商业社会里,善是极其容易被忽略和遗忘它存在的重要性和必要性。因为善不那么张扬,不像被涂抹得猩红的嘴唇,抒发出抒情的表白。**善总是愿意默默地,如同空气一样,看不见却无时不在你的身旁才对。因此,感动,从来都是朴素的,是默默的,是属于一个人的,你悄悄地流泪,悄悄地擦干。**

有时候,善比爱更重要,或者说没有了善便也就没有了爱。设想一下,如果心里稍稍有一点点的善,还会有那么多能够置人于死命的假药、假酒以及地下窝点的鞭炮和小煤窑的瓦斯爆炸吗? 更不要说如今遍地都是假冒伪劣产品,为了多赚几个钱,连炸油条都要用恶心的地沟油,卖螃蟹也要塞进几只死的。这样的事情越来越多地包围着我们,我们的感动当然就一点点被蚕食了。善没有了,感动也就成了无本之木,那样的荒芜,该是多么可怕的事情。

再说一句,善,一般是和"慈"字连在一起的。慈善,是一种值得敬重的美德。慈善事业,是一种积德的美好事业。慈者,就是爱的意思,古书中说:

"亲爱利子谓之慈,恻隐怜人谓之慈"。在家者,为之慈母、慈父、慈子;在外者,则为之慈善。我们不可能只待在窄小的家里,我们都需要推开家门走到外面去,我们便都需要为别人播撒爱和善的同时,也需要别人为我们播撒爱和善。爱和善,就是这样紧密地联系在一起,繁衍着人类的生存,绵延着爱的滋润。而真正的感动就是在它们的根系下繁衍不绝的。世界上爱和善越来越多,被我们感动的事情就越来越多。

伟大的音乐家贝多芬曾经说过:"没有一个善良的灵魂,就没有美德可言。"没错,善是我们不可或缺的美德,感动就是我们应该具有的天然品质。或许,感动而泪如雨下,显示了我们人类脆弱的一面,却也是我们敏感、善感而不可缺少的品质。我们还能不能够被哪怕一丝微小的事物而感动得流泪,是检验我们心灵品质的一张 PH 试纸。

魔力悄悄话

如果美德愈深广,功利和世俗就会少一些。因而一个大写的人字,是以美德做基石,靠追求美德尽可能以自己美好的德行去完善自我的人生。

文明与美德

人猿相揖别，不只是磨破了几个石头，更是文明与野蛮的告别，那才是人类在万幸中找到的一条光明的大道，从此，人类前进的道路上曙光乍现，进而一派灿烂辉煌。

文字的创造，人类告别了结绳记事的粗略与愚昧，科学与文化的发展，锻造了人类的精湛的心性，深邃的思想和无比丰富的精神情感，人类的智慧由此像春日的暖阳普照大地，一群羸弱的猿猴竟然成了大地的灵长！从此，人类文明的脚步一日千里，文明之树硕果累累，埃及的金字塔，巴比伦的空中花园，中国的万里长城……都是震古烁今的伟大创造；"阿波罗"号登月，国际空间站的建造，"机遇"号踏上火星……现代人类的壮举更为惊世骇俗，连神话都要黯然失色了！

进入 21 世纪，在各大科学领域，人类在向着更为幽微深远的世界探索前进。信息技术带来的高速度、低能耗，自动化、智能化的发展方向，更是逐渐把全人类从烦琐沉重的劳动中解放出来，思想、智慧与美德像原子弹一样爆发出强大无比的能量，人类未来的愿景将会美得难以想象。

文明不仅带来了突飞猛进的物质进步，也让人类的精神世界变成了美丽的天堂。在爱的蓝天下，真与诚，善与美，似雨露春风，催开大地的姹紫嫣红，满园的碧绿芬芳。而人类徜徉在自己创造的世界面前，快乐、满足、自由、幸福、豪迈、奔放……真的像神仙一样！

毫不夸张地说，自然的创造力缔造了无数奇迹，人类创造的文明更是那奇迹中的神奇！如果说科学是人类文明的翅膀，民主就是人类文明的精髓，从原始的氏族议事会，到雅典城邦的公民大会，到现代的议会制、选举制，民主思想与民主体制让人类建设社会的热情空前高涨，民众的能量得到空前释放，为人类文明的繁荣与发展提供了坚强有力的保障。

"爱与尊重"，同样是人类文明的精华。古人说："爱人者，人恒爱之，敬人者，人恒敬之"。**因为爱与尊重，人类在漫长的征途中化解了多少仇恨与**

冲突,破除了多少误解与隔阂,多少次让势不两立的对手紧握双手,多少次让阴霾密布的太空云开月朗,多少次化分裂为统一,多少回融寒冰为热流,它曾让多少伤心的人破涕为笑,它曾让多少绝情的人热忱激荡。

还有"诚信与良善",这是人类道德之体的根本啊!孔子说:"人而无信,不知其可也。"孟子说:"君子莫大乎与人为善。"两位先哲,一个重信,一个重善。没有信誉与信任,什么事也办不成功,甚至好事也会变成坏事;社会道德的大厦也将千疮百孔,最终必然轰然崩塌!没有善行与良知,人人孤独,人人冷漠,人人相疑,人人自危,社会该是多么黑暗?人心该是多么冷酷?生活该是多么艰险?人生该是多么绝望?一句话,恶向脸生;一口痰,反目成仇;一碰触,拳脚相加;一分利,血泪横飞。……

如果,社会大众都对金钱和权势顶礼膜拜,而把道义和良知随手抛弃,我们将看不到满脸春风和煦,人情如同雨雪冰霜;看不到人对人的尊敬与谅解,彼此间只有势利与隔膜;看不到满目整洁清爽,处处混乱肮脏。看不到公园里花红柳绿、恬静宜人,看不到汽车上扶助老人、让位孕妇,看不到市井中豪侠仗义、助弱锄强,看不到朋友间肝胆相照、祸福同当……

有了诚信,三顾茅庐传佳话,诸葛亮鞠躬尽瘁,死而后已。君诚臣信、千古景仰!有了善良,六尺巷张英挥笔:"千里修书只为墙,让他三尺又何妨。万里长城今犹在,不见当年秦始皇。"与人为善、百代流芳!诚与善如春风抚慰胸怀,如明镜照亮人心啊!**文明、美德、伴随人类一路走来,才有了人类的团结、互助、宽容与共存,才有了人类的合作、发展,存异与求同,也才有了今天的进步战胜落后、科学战胜愚昧、繁荣取代贫穷,才有了我们今天的和平、和谐、安宁与幸福……**

让我们打开心扉,让文明与美德进驻心间,让心灵的空间永远如明月般澄澈清朗,如春阳般光明温暖。

魔力悄悄话

让我们带着微笑、携手同心,走进天明水秀、诗意飘扬的春光里,走向更加美好、更加明媚、更加温暖的未来吧!

心存大善

　　人生就像一次旅途,不必过于在乎结果和目的,因为过程才是内容,人生沿途的风景才是感动生命的符号,目的和结果只是人在最后给自己的一种解脱,那是虚无的,真实的就是我们实实在在的生活,真真切切的生命体验。

　　正如一首歌里面所唱的:世间总有公道,付出总有回报。只有心存感恩,才能把负累变成动力,把悲伤的苦楚化为幸福的步履,才能变不利为有利,更加坚强更加决绝的前行。

　　心存感恩才能微笑着面对风雨人生,才能以一种更加自然的姿态去面对生命的启悟,微笑着去接受生命中的痛苦与幸福。心存感恩才能豁达的泯去仇怨和伤痕,以一种超然的大度接受生命的考验。

　　心存感恩才能够心存仁爱之心,感激之情,少掠取,多赠予,与身边的人和睦相处。与临为友,化干戈为玉帛。

　　心存感恩,知足惜福。不再沉沦于浮躁的现实悲凉之中,担负起生命赐予我们的责任,让自己快乐,让生命亲吻感恩的心。

　　心存感恩,简单的话语能够化腐朽为神奇的力量,让那些平庸琐碎的小事变得不再平庸琐碎,让仇视的目光变得温柔可亲,让生活的贫乏变得有了韵味,多了一些生活的快乐和幸福。

魔力悄悄话

　　"老吾老以及人之老,幼吾幼以及人之幼",那是一种人生的境界,更是一种对于人生的感恩。只有心存感恩,心存大善,才有如此的宽容与博大。

幸福的一点一滴

当你还很小的时候,他们花了很多时间教你用勺子和筷子吃东西,教你穿衣服、绑鞋带、扣扣子,教你洗脸、教你做人的道理……

世上最大的恩情,莫过于父母的养育之恩。值得我们用生命去珍爱,用至诚的心去感激,用切实行动去报恩。

"羊有跪乳之情,鸦有反哺之义"。而人也应有尽孝之念,莫等到欲尽孝而亲不在,终留下人生的一大遗憾,要想将来不后悔莫及,现在就要从身边的小事去感恩父母,回报父母。

回报也不一定非的是物质上的回报,更多的是精神上的、情感上的。就算是远渡重洋、留学海外,我们时刻要怀揣着一颗感恩的心。正如世纪老人巴金所说:"我是春蚕吃的桑叶就要吐丝。"春蚕付出了,也获得了,得到的却是人们的赞美与钦佩。

曾记否,父母将你我捧在手心,含在嘴里,因为我们是父母手心里的宝;曾记否,父母把无私的爱奉献给了我们,因为我们是父母的结晶,是爱的延续。

曾记否,你讨厌父母的唠叨,无意间,你和父母之间产生了隔阂,可是总要等到失败后,才知道父母讲的都是金玉良言。曾记否,翅膀还未硬的你,却想摆脱父母,展翅飞翔。可是总要等到自己受伤后,才知道父母的怀抱是最温暖的避风港。

一个非常有趣的故事:一户家庭的三个儿女每天必做的事是写一封感谢信,其中的内容是诸如"昨天爸爸买的比萨饼真香","妈妈给我讲了一个非常有趣的故事"之类的简单句,原来他们给父母写信,不是因为父母帮了他们多大的忙,而是记录下他们幼小的心灵中感觉到幸福的一点一滴,他们也许不知道什么叫大恩大德,只知道对美好的事物心存感激。听了这则小故事,有没有触动你的心灵,如果有,从现在起,当父母为你呕心沥血时,对父母道上一句"谢谢"!当父母疲劳时,为他们倒上一杯浓茶,帮他们捶捶背;当父母生病时,留在病床前陪陪他们,陪他们多说会话;当你远在他乡时,给父母打上一个电话,捎上一句祝福……

风中的风铃再次响起,似乎在奏响一首感恩之歌,感谢父母的唠叨,因为他们是为了让你少走弯路;感谢父母的鞭策,因为他们是为消除你前行的障碍;感谢父母的斥责,因为他们是为了助长你的智慧;感谢父母赋予我们的一切,让我们用生命去珍惜,用感恩的心去呵护。

让我们行动起来,点点滴滴,感恩父母!

魔力悄悄话

世上最大的恩情,莫过于父母的养育之恩。值得我们用生命去珍爱,用至诚的心去感激,用切实行动去报恩。

第六章
宽容是首诗

　　宽容自己，就是给自己一片快乐的空间，战胜困难。人生的道路并不是一帆风顺的，总是会遇到困难与挫折，面对困难时，应正视困难，战胜困难宽容自己。纵观历史，许多宽容自己的人都有了伟大的成就。周处摆脱自己的过去，从新做人，为国家效力，是宽容自己；司马迁面对困难不放弃，坚持写《史记》，是宽容自己；勾践面对挫折不气馁，实施伟大报负，是宽容自己。

　　宽容自己，也就是给了自己一片快乐的空间，宽容是一种智慧。

心存坦荡

坦荡是一种大度宽容。心底无私天地宽，做人坦荡快乐多。人生冷暖，世事无常。丢掉那份虚伪，摒弃那些顾虑，忘却那些烦恼，勤恳做事，坦荡做人，乃人生之智慧。

《论语·述而》中孔子有句话："君子坦荡荡，小人长戚戚。"其意思就是说君子，应当有宽广的胸怀，可以容忍别人，容纳各种事件，不计个人利害得失。心胸狭窄，与人为难、与己为难，时常忧愁，局促不安，就不可能成为君子。然而，人活在世上能做到心底坦荡却非易事，人什么时候活的坦坦荡荡，生活大概就不会有什么问题了。若真能活得坦荡，那就活的就很幸福了。

怎样才算活的坦荡？一百个人有一百个答案，归根结底，坦荡就是一种平和的心态，无论何事何物中都能保持一种平衡，不受世间风云繁杂种种所羁绊。然而，人生活在错综复杂的环境中，功名利禄的诱惑，自身妄念的贪婪，都会像洪水猛兽一样厮杀、咆哮、奔腾着，无休无止。稍不留心，反受其害，想躲又怎么能躲得开呢。因此要坦荡为人，就要清除心中的魔障，时时打掉意识中的妄念，尽可能避开世间外部的世事纷扰，以平心静气，平视正直地立于这个世界上，不因贪图而倾斜，不因好恶而晃动，不因喜乐而忘形，因而吃得香，睡得甜，不做亏心事，也就不怕半夜鬼叫门了。由此，我们可以看出，坦荡是一个人内在的、深不见底的心态起作用，而万念侵入心，又怎么能令人坦荡，不坦荡就流于浮躁，浮于猜疑，混乱了心智，丧失了信念，削弱了精力，畏于危难而心中郁结不能自拔，因此说坦荡做人就是走正路，不歪不邪，不媚不惑，不胆小怕事，也不妄自菲薄，显而易见，坦荡是做人的一种阳光通路和正能量。

人生冷暖，世事无常。坦荡做人，就是一种包容万象，宠辱而不惊的内在品质的最好体现。坦荡是建立在一个人心胸是否宽广的境界之上的，其要求之高，是因为它必须时时、处处产生于人们的心里、感受、精神、行为里，

总是和许多的圣洁与豁达、醒悟为伴。

坦荡绝不是不敢评人短长，不是老好人主义，更不是委屈求全，但也不是求全责备，以自我为中心的自以为是；坦荡是一种开朗后的空灵、一种智慧，一种玄妙的自我体验。它虽然不能产生物质，却有着比物质更能使人感到可以信赖、可以接近、可以抵制一切殃祸的力量。

坦荡里藏着丰富的人生玄机，人生面对困境、挫折时，会给人带来突然的顿悟，豁然的敞亮。因此坦荡对每个人而言，也是在处于危难与穷途末路中的一种自我保护。坦荡是抓不到，摸不着，心不存，外表也不显，但它却不偏不倚、不枉不纵地与你混为一体。在岐途中，陪伴我们的生死大事里，它能让我们迷茫中看到路标，险恶处转危为安。人在失意时能做到坦荡，不仅能扫除阴霾悲凉的怨气，还能使人不失立场，不因失意而精神桎梏，一切还可以从头来过；人在得意时能做到坦荡，不仅能不沾染傲躁，还能防止滑入自我迷信，自我膨胀之沼泽里，避免了随之而来的灾祸，从而使人更加的畅顺；人在平日里能做到坦荡，一场烦恼、忧虑、冷暖、善恶，都会被一一观照，了然清明，自我矫正尺寸、成其善、全其美，万事不再困难。因此，一个坦荡的人，时时刻刻会有一种山欲倾而不惊，水欲覆而不慌的意境，生能坦荡，死而坦淡，于是"山重水复疑无路，柳暗花明又一村"。

人学会了坦荡，也就学会了无忧、无惊、无惧、无焦、无虑，也就学会了觉悟的契机，弥合了遗漏，就会获得一种大松弛、大平稳、大快意、大自由的一种状态。

魔力悄悄话

失势时腰板不弯，得势时变得更加谦和礼让，甚至坦荡做人就是一种大智若愚，一种人生的大成就，一种通向成功的极好路线，更是做人、齐家、平天下的一种精神瑰宝。

厚道做人

厚,即厚道,它是人的一种优秀品质。厚道的人深得朋友的尊敬和爱戴,容易得到别人的支持,能够创造比较和谐的人际环境。厚道是做人的基本素质。厚道是一种高尚的道德修养。与人为善,宽厚做人,对他人是一种博大的爱。老子曾说:上善若水,与人为善者,能像水一样溶解万事万物,化解人间恩仇。只有真诚厚道,宽厚仁慈,才会使你获得许多真诚的朋友,才能使你在复杂的人际交往中立于不败之地。

与人为善,厚德才能载物。与人为善宽厚做人,绝不是一种简单的同情心,它是一种无形的相助,一种博大的爱,是一股矫正世俗的春风。仁慈宽厚、与人为善,是做人的一种美德。这种美德可以为自己创造一个宽松和谐的人际环境,使自己有一个发展个性和创造力的自由天地,并享受到一种施惠与人的快乐。忠厚传家,做人须笃实厚道。严于律己,宽以待人,这就是厚道。

厚道的人朋友多,厚道的人容易得到别人的支持,厚道的人办事比较顺利,厚道的人处的环境会比较和谐,厚道的人前途更加广阔。宽厚之心,宽容善待有错之人。宽容与善待有错之人,并非人人能够做到,它需要人拥有高尚的情操,而这种情操只有通过不断地修养才能达到。持久自觉地修养是提高人情操的根本途径。

敦厚做人,以真诚打动人心。敦厚之人,始可托大事。只有敦厚做人,才会使你获得真正的朋友,才能在复杂的人际交往中立于不败之地。处世诚厚,做人需要有良知。诚实是人生的一种美德,尽管诚实的人有时会被人嘲笑,但最终会像斧头掉进河里的农夫那样得到奖赏,诚实是待人处世的绝妙法宝。虽然可能会付出一定代价,但日后你得到的,将远比付出的多得多。做人有良心,你就不会忘记感恩,不会忘记在受到了他人的恩惠后懂得回报,并且懂得一个人得到了他人的爱后,也只有付出自己的爱,这样的人生才会更有意义。

亲情力——可怜天下父母心

抱朴守拙,不为私欲所诱惑。《韩非子·说林上》中的名言:巧诈不如拙诚。这里的拙诚是:损人之事莫沾边,利己之事不抢前,以拙胜巧厌欺诈,笃诚实干不甜言。经商有道,需要以忠厚为本。一个成功的商人必定是君子,而不是小人。那些表面上看来猴精鬼灵的人,有了点成果,也不过是一些骗子罢了,终究还是得不到别人和社会的信任。

魔力悄悄话

做人要以忠厚为本,只有厚道才能给人以信任感,建立起长久的人际关系,方能赚得人生最珍贵的财富。

谦恭做人

谦恭做人，以人为师；恭是高尚者的情操，君子总是谦恭待人。谦恭是一种美德，是衡量君子与小人德操高卑的重要标准。

骄横和得意忘形是谦恭的大敌。骄横使人傲慢无礼，妄自尊大，得意忘形使人丧失理智，丧失警惕。纵观古今，凡谦恭者都深得人们的欢迎，而那些骄横和得意忘形的人大多少有善终。人生在世，应该学会尊重他人的优点，为此，应当放下自己的架子，不耻下问。要学会适当地恭维人，恭维也是一种尊重他人表现。

谦恭有度，是做人的君子之道。**谦虚是高尚者的情操，是修养深厚的表现，是圣人君子的操守。虚心，并不表示你低人一等。因此，你大可不必因虚心而觉丢面子，恰恰相反，待人谦恭，是一个人多礼的表现。**而且，人生中的许多机遇往往是因你的谦恭虚心而得来的。以人为师，敢于承认技不如人。

做人要谦虚，不能老是抱怨，抱怨并不能带来命运的转折或是改变，相反只会增加心中的怨气和阴霾，给生活带来不好的影响。骄不恭，骄是人生成功的大敌。凡是能够做出一番伟大事业的人，没有一个好具有骄矜之气。骄傲专横，是自满的表现，是空虚的表现。

人生期望成功，应当首先从谦恭做起，一旦骄横染身，便是人生失败的开始。古往今来，莫不如此。

得意忘形，人生失败之祸根。有本事、有志向的人，大都谦虚谨慎，而那些骄傲自满、趾高气扬的人，大都目光短浅、志向不高。

人生在世，无论什么时候都要收敛，学会谦虚，谦虚使人敦实。即使在得意之时，也不能忘乎所以，不要被一时的胜利冲昏了头脑，以至于丧失了警惕，埋下灾祸的隐患。放下架子，尊重他人的优点。不谦恭做人，不尊重事实，看问题时就少了客观性，多了盲目性，处理问题时就会产生误差和错误。

亲情力——可怜天下父母心

不耻下问，谦恭者敏而好学。不耻下问，应虚心求问，勤于求问，还要善于求问。在当今"知识爆炸"的年代里，只有勤学、勤问，才能不断积累和更新知识，不断丰富和提高自己，适应时代的要求。恭维他人，赢得他人的好感。

魔力悄悄话

世人之情，都喜听恭维，如果你的恭维话有相当分寸，不流于谄媚，那将是掌握了一种处世的本领。

学会包容他人

包容是多么简单的两个字,可它却包含了许许多多。包容是赢得朋友的保证。学会包容他人,不是一句做作的空话,而是应发自内心,形于言表的自然流露。

包容他人对自己无意的伤害,是让人钦佩的气概。包容他人曾经的过失,是对他人改过自新的最大鼓励;包容他人对自己的敌视、仇恨,是人格至高的裸露。

在工作之中,同事之间相处久了,大家的做事方式上都不同,这时总会遇到矛盾、分歧等,但如大家都持着自己的观点与意见去对待事情,难免也会出现伤和气的场面,领导采取任何一方的意见时总会把另一方意见忽略,于是双方就会出现不满的态度,慢慢地就有了心结。

如果任何一方肯让步的话,那事情就可改观了,平时见面时与其点点头、笑笑,问声好,也可主动找对方约个时间坐下来谈一下,大家敞开心怀,把自己不明白的事情向对方请教,尽量地把自己的心结解开,并尽力地协助对方把公司的工作做好,这样就可得到同事的谅解,领导的认同,自己心情也得到舒畅。

包容是人生的财富。同样是一辈子,有的人在不尽的愤慨和埋怨中挣扎着过,有的人在快乐幸福中沐浴着过。包容别人是一种幸福,能让别人心存感激更是一种幸福!人生在世,不能使自己在琐事困扰中作茧自缚,更不能在无尽争吵中度过此生。在办公室里的同事,一起工作,一起生活是一种缘分,遇到纷争时浅浅一笑,碰到口角时沉默是金,即便有了积怨,恩仇一笑泯。

人生选择了包容,也就选择了理解和珍惜,同时也为爱选择了海阔天空。包容意味着不仅不计较个人的得失,更重要的是用自己的关爱与真诚来温暖对方的心灵。心静如水的包容,使纷繁的感情经过过滤变得纯净、炙热如火的包容,让平淡通过煅烧日趋鲜明。让包容明亮而温暖,不仅能融化彼此的冰冻,而且能将爱的热力辐射进对方的心窝。

　　包容确实是一门精深的艺术,当我们学会了包容,我们就会感到爱的幸福之水不时在心田中潺潺流过。正在为爱得多舛而心存积怨的朋友们,请选择包容吧。只有领略到了其中的滋味,行包容他人之举,真正地拥有那份广阔的心胸,那份坦然,那份自然,才是活出了真正的人生。

魔力悄悄话

　　人生选择了包容,也就选择了理解和珍惜,同时也为爱选择了海阔天空。包容意味着不仅不计较个人的得失,更重要的是用自己的关爱与真诚来温暖对方的心灵。

宽容让生活更美好

当下,人们经常提到"宽容"这个词,但每个人对它的理解是不同的。宽容就像一首荡气回肠的诗,一阵柔和的春风,一盏明灯,一种美德,一杯美酒……宽容是当今社会上的人所缺少的一种素质。

宽容是一首诗,它让人无私无畏、无拘无束;宽容是一首诗,它给人以温暖、和蔼和安全的感觉;宽容是一首诗,它不知不觉地滋润着我们的心田;宽容是一首诗,它慰藉着人们的心灵;宽容是一首诗,它让我们的生活更美好。

宽容是一阵风,一阵温暖的风,当它吹过你的脸颊,你便会露出灿烂的笑容。宽容像一缕柔和的春风,吹散阴霾,带来温暖。

宽容是一盏灯。灯有多明亮,心胸就有多宽广,它能照亮我们的心胸使其变得更宽阔,让我们的生活更美好。

宽容是一种美德,是交往礼仪的基本准则,它表现为一个人待人宽厚,有气量。宽容可以使自己拥有一个融洽、和谐的人际环境。

严于律己,宽以待人,是为人处事的最高境界,也是具有良好修养的表现。

宽容是一杯美酒。在三国时期,东吴老将程普与周瑜不和,关系不好。周瑜从不因程普对自己不友好,就以其人之道还治其人之身,而是不抱成见,宽容待之。

日子久了,程普了解了周瑜的为人,深受感动,体会到和周瑜交往如"若饮淳醪自醉"。正是由于周瑜的宽容,才使对他报以成见的程普改变了对他的态度。周瑜和程普的故事,说明与拥有宽容之心的人交往,就像喝了甘醇美酒一般。

也许宽容很难,但它却是人生重要的一步,宽容为我们的人生增添了绚丽的一笔。宽容一些,忍让一些,大度一些,这样于人于己都是一件好事。为人处世,心理要阳光一点,心胸要开阔一点,正所谓"退一步,海阔天空;让三分,风平浪静"。

亲情力——可怜天下父母心

　　宽容是我们心中的一首诗,致使我们的心胸像海一样浩瀚;宽容是我们心中的一首诗,致使我们的爱心像海一样深沉;宽容是你我心中的一首诗,可以使波折的生活充满温馨与欢乐。让我们心中永远永荡这首诗,让宽容永驻每个人的心中。

魔力悄悄话

　　"人非圣贤,孰能无过。"因此,不要对别人的过错耿耿于怀、念念不忘。生活的路,因为有大度和宽容才会越走越宽,而思想狭隘,则会把自己逼进死胡同。

宽容是一种境界

我们都应该要学会宽容,懂得宽容别人!

宽容应该是一种人类精神,是一种善良,一种美;是一种胸怀和气度;更是一种境界。只有善良的人,心胸中才有宽容,只有慈悲的心灵里才能放得下宽容。宽容是美好心灵的代表!宽容别人不但自己轻松自在,别人也舒服自然。宽容是一种坚强,而不是软弱。是一种修身之法,是一种充满智慧的处世之道。宽容别人其实就是宽容自己,它可以化解许多不必要的误会。多一点对别人的宽容,我们生活就会多一点空间。

宽容就是忘却,人人都有痛苦,有伤疤,有弱点,在他最薄弱的方面动辄去揭,便添新创!忘记昨日是非,忘记别人对自己的指责和谩骂,学会忘却,生活才有阳光,才有欢乐。宽容是不计较,事情过了就算了。

每个人都会有错误,如果执着于其过去的错误,就会形成思想包袱,不信任、耿耿于怀、放不开,限制了自己的思维,也限制了对方的发展。即使是背叛,也并非不可容忍。

宽厚待人,容纳非议,乃事业成功、家庭幸福美满。事事斤斤计较,活得也累。学会宽容就是忍耐。别人的批评、朋友的误解,过多的争辩和"反击"实不足取,唯有冷静、忍耐、谅解最重要。

宽容并不是纵容,不是免除对方应该承担的责任。任何人都需要为自己的行为负责;任何人都要承担各种各样的后果。人生苦短,譬如朝露,去日何多。别给自己留下太多的苦恼和遗憾,想笑就笑,想哭就哭,想爱就爱,无谓压抑自己,不要管人家怎么想,怎么看,只要自己觉得很开心,很幸福就行。

风雨兼程,不去想是否能够成功,出生的时候,你哭着,周围的人笑着,老去的时候,你笑着,周围的人为你哭着!人到世间,不为苦恼而来,别天天板着面孔,整日忧愁、悲伤、苦恼、失意,这样的人生不会有乐趣。

好好想一想人的一生有多少天?春夏秋冬不停地轮回,无数生命接受着这无情的安排,过了一天便少了一天,匆匆来过,又匆匆离去,也许经不起情感的牵绊,有过依恋,有过无奈,可是该走的注定要离开,错过了便是永远!

一生对时间来说,做的永远是减法,从出生那天开始,便开始了万物的倒计时。当春天来临时,花开的声音曾给世人带来多少温情,多少欣喜,可是又有多少人能体会春花凋谢的美丽与哀愁。当满树繁花随风飘零,面对死亡,没有一朵花会犹豫。她们会在生命的最后一刻露出绝美的微笑,在她们看来,只要能绽放,哪怕短短的一瞬,也便不负此生了。柔美中带着刚强,带着对来世的希望。

一声梧叶一声秋,一点芭蕉一点愁。"秋"字加上"心"字就成了愁,秋天总是最让"莫等闲,白了少年头,空悲切!朋友们,昨天一去不复返,今天就在脚下,明天正向我们招手。珍惜生命中的每一天吧,要知道人的一生只有三天!收获的季节,果实完成了它的使命,无数次的风吹雨打,它默默地承受着,痛苦地成长着,只想为精心培育它的主人带来丰收的喜悦。它做到了,也该悄然离去了,无怨无悔。它的一生就是这样痛并快乐着,但它仍然坚持着,也许在它生命的最后一刻,它也会像春花那样盼望着来生。

万物本不是完美的,不管是春之花,夏之果,秋之实,冬之草,他们的成长都不是一帆风顺的,总有这样那样的缺憾,但他们都努力过,奋斗过,坚持过,有种凄凉,坚持到最后,才不会失落,虽不完美,但却美丽!

人的一生到底有多少天?概括总结起来:人的一生只有三天,翻过去的是昨天,迎面走而来的是明天,需要好好把握的是今天。

昨天,是历史的过程,是失败的经验,也是成功的记录;是时间的告别,是空间的定格,也是永恒的象征……昨天是我们成长的确良阶段源泉,但它不能再度来临,无法再为我们增添辉煌。生命是需要跋涉的,不管昨天你有多少功绩,不管昨天你灵园里开满多少花朵,不管昨天你有多少懊悔,那都是属于昨天的。我们不应该唠唠叨叨地诅咒或者怀念过去,后悔不该做的事,忏悔又忏悔。我们要以昨天为奠基,记取昨天,为今天创造辉煌!

今天,是一个新的开始,需要我们前进,你也许想在今天踏踏实实地干一番事业,取得令人满意的成绩。但随着时间的过去,你今天似乎什么事也没有做,于是想待到明天再重来。可是"人生百年几今日,今日不为真可惜;若言姑待明朝至,明朝又有明朝事。"富兰克林说过,"今天是人生唯一生存的时间。"因此,我们要把握好今天,不然,再美丽的今天也只能变为昨天了。

当时间存在时,要抓紧时间,因为当时间过去,便没有了时间。

明天,是未来,是生命的希望,是令人向往憧憬的。但说真的,世界上何曾有人真正见到过时间的到来。明天,明天,不是今天,这是懒人们最喜欢说的话。"明日复明日,明日何其多,我生待明日,万事成蹉跎。"对明天寄以浓厚的希望,这是守株待兔的幻想。不要给明天太多的功课,因为我们每天只有一个明天。

魔力悄悄话

世上没有绝对幸福的人,只有不让自己快乐的人! 学会宽容让自己快乐吧,忘掉自己的忧愁和烦恼,做自己想做的事,只要开心快乐每一天,对自己负责,你才是最聪明、最优秀和最棒的……

宽容是一种智慧

宽容是智慧，也是一种爱。

宽容是一盏明亮心灵之路的灯，宽容化解人与人之间的冰冻，是人与人相互沟通的桥梁。

宽容他人，就是站在他人的角度上考虑问题，给他人一个快乐的空间，在人与人相处之中，总是会遇到一些矛盾，没有矛盾就没有世界。纵观历史，许多宽容别人的人都受到了别人的尊敬。宽容他人，就是蔺相如对廉颇忍耐；宽容他人，就是齐桓公对管仲的不计前嫌；宽容他人，就是诸葛亮对孟获的大度。

宽容他人，使自己得到一种快乐，一种愉悦，是一种自己，架起了人生沟通的桥梁，宽容是一种智慧。

宽容自然，就是一种豁达。自然的力量是无穷的，人的力量和自然相比，就是沧海一粟，微不足道，天气不好的时候，总是有人抱怨，可仔细想想看，抱怨是没有用的，该来的还是要来，自然是不会根据人类的想法而改变的。

去抱怨天气，生活在抱怨之中，不如换一个角度去思考，去感恩于自然，去想想人类的过失，学者反思，学者去宽容自然。**我们应该宽容自然，宽容自然，是人生的大智慧。**

宽容是抑郁时的解决方法，使你豁然开朗；宽容是人生航船上的指明灯，指引你前进；宽容是烦恼时的一缕微风，轻轻地抚去心中的不快。宽容是人生的一种智慧。

在这个充满竞争的世界里，我们每时每刻都会遇到困难，遇到让人心烦而又解不开的结。

某一天，当你的心情犹如平静的湖面时，有个人或事会像一颗石子一样丢进了你的湖面里，一石激起千层浪，你无法去平静。于是你去计较，去争议，其实这又是何必呢？这些烦恼就是所谓的抽刀断水水更流，并且还会如影子一样跟随着你,你永远也不可能去计较的完全明了,争论了一件还有另一件在等着你。

宽容是一种智慧。宽容自己,就是给自己一片快乐的空间;宽容他人,就是站在他人的角度思考问题,给他人一片快乐的空间;宽容自然,就是一种豁达。古语说得好:"海纳百川,有容乃大。"大海之所以浩瀚无边,是因为化能容纳百川。天空之所以蔚蓝,是因为它有广阔的胸襟和博大的胸怀。

宽容自己,就是给自己一片快乐的空间,战胜困难。人生的道路并不是一帆风顺的,总是会遇到困难与挫折,面对困难时,应正视困难,战胜困难宽容自己,纵观历史,许多宽容自己的人都有了伟大的成就。周处摆脱自己的过去,重新做人,为国家效力,是宽容自己;司马迁面对困难不放弃,坚持写《史记》,是宽容自己;勾践面对挫折不气馁,实施伟大抱负,是宽容自己。宽容自己,也就是给了自己一片快乐的空间宽容是一种智慧。

如果要守护心灵的那片净土,或者给自己的生活以更多的明媚和阳光,不妨请用宽容来代替你的忌妒,你的计较,你的争论。

因为宽容一个人,一件事后,你就会觉得你的爱在升华,然后这种宽容也在曼延开来,直至被你宽容的那个人。你会觉得这个世界上还有许多值得去追求和做的事,而那些刚刚去争论的事并不值得你付出如此的心血。哪里有那么多宝贵的时间和感情可以浪费? 我认为,宽容一个人首先自己要做个心胸宽广的人,一个斤斤计较的人是不可能真正宽容一个人的。即使表面上宽容了,有的也只是虚情假意,有的只是暂时忍让,图谋时机等待报复。只有心胸宽广的人才能从内心去原谅一个人,真正的用爱去对待一个人,这样的宽容才有意义才是大智。当然了,宽容一个人,并不是一味地后退,毫无原则的忍让,宽容的只是该去或值得宽容的人,一个从内心还充满善良,在精神上还可以去充实的人,也只有这种人才值得你去爱他(她),值得你去宽容他(她)。

可以说,人生最大的美德是宽容,就像大海,无论是汹涌澎湃,还是风平浪静,它都能承受;就像天空,不管是电闪雷鸣,抑或是碧空万里,它总是平静对待。最广的是天,最阔的是海,如果我们也能如天空、像大海那样宽容一切,相信最美的一定是人的心。记住别人的优点,忘记别人的缺点,记住别人的好处,忘记别人的错处,以真诚的微笑去宽容人,既能感化别人,又能给自己带来一份好心情,何乐而不为呢?

当然,由于每个人所处的环境、接受的教育程度、性格、思想、情趣、脾气不同。人与人之间难免就会有误解和矛盾。但如果人人都能多一点忍让，多一分理解，相信人与人之间的相处就会和谐而友好。一个不会宽容的人，相对来说也就较少快乐，凡事斤斤计较又怎能发现世上那么多的美丽呢，所以说宽容也是一种境界。富有爱的人才会有一颗宽容的心，用宽容的心去对待你身边的每一位人。如果你希望拥抱快乐、获得真爱，那就敞开心怀去宽容别人，那样就会给你带来意想不到的收获。

魔力悄悄话

宽容待人是一种高尚的美德，是一种道德思想修养，也是人生的真谛，你能容人，别人才能容你，这是生活的辩证法则。只有容人之长，容人之短，容人个性，容人之过的人，才是真正有修养、有美德的人。

第七章 呵护那份温暖

学会珍惜,我亲爱的朋友。人生如花开花谢,潮涨潮落。

偌大世界,芸芸众生,但更多的却只能与你擦肩而过,很快就走出了你的视野,成为陌路,独独让我们成为朋友,成为意气相投、患难与共的挚友,这本身就是一种奇迹和缘分。

每有良朋,或敞开心扉,秉烛夜谈;或偕数友而出,走进高山大海,丛林草原,亲近自然风物;或儿时好友远道而来,临风把酒,畅叙友谊,回忆童年趣事,忘却俗世烦恼,岂不是人生一大乐事。

相约温暖　守候阳光

静静的午后,沐浴着灿若笑靥的暖阳,一丝温暖自心底升腾。站在春天的门口,回望路途中的星星点点,一路荫翳,一路郁霾。想起,那份如种子般的梦想,拔节的渴望,遥不可及的天涯,寂寂冷雨中的无助和徘徊,固执的坚守着最初的向往。犹疑和挣扎,常常来访,蚕食我的无措和茫茫然。还有不经意间滋生的胆怯和无所适从。

灵魂,总是在想望,蓄谋已久的,是有一次真正意义上的远行。把自己放逐,在大自然的怀抱里,自由的呼吸每一寸新鲜的空气,与鸟儿嬉戏,一起在林中婉转歌唱。听花开的声音,让暗香盈袖,馨柔入怀。走进高山,走向草原,去领略雄伟的深邃,去感受广袤的宽阔,体会一望无际的辽远。

也曾想,让自己走得远一些,更远一些。在遥不可及的天边,无忧无虑的飞翔。天空,是冰蓝透明的。风,是轻轻柔柔的。雨,似细细的线,可以串联起珍珠。而我,只要伸手,就能握住幸福。

住在白云深处,是最美的随性和自由。闲看云卷云舒,泰然自若。在晨钟的悠扬声里起床,与晚霞一起饮茶。远离文字,远离所有的不安和忐忑。让那些曾有过的悲伤和心痛,一起掩埋在记忆深处。一份至真,至纯,至静,至雅的生活。让咖啡语茶的人生,没有城市的喧嚣和繁扰,品味的,是一种人生历练后的沉着与淡定,一份从容和悠然。

闲坐清溪,我们畅所欲言,构思一份对幸福最纯净的向往。让心保持一份明朗和澄澈,让信念住在阳光明媚的笑靥里面。不去想,多愁善感的心事。不去想,那些走失在文字的日子里,愈来愈加深的伤痛,迷茫和不可自拔。

人生,总是会有一些获得,一些失去。有些事,有些人。有些爱,有些情。似水流年,荏苒光阴。有些影像会在记忆里褪色,有的会渐次走远,也有的会历久弥新,想要有重新来过的可能。

我们亦常常会想,如果人生若真有来世,如若,下辈子我还记得你,我们一定会懂得珍惜拥有,会努力让自己变得更加完美。有些遗憾不会只是存在心间,有些想望就不会不可能到达。会懂得让每一份相逢和遇见,在对的时间,在对的地点。让每一位相知,相惜的朋友,分享生活开心的喜悦,而不是分担悲伤的泪水。会多一些时间,陪伴在爱我们的人身边,让饱经风霜的父母少一些担忧和牵挂,不要总是走得太忙,走得太远,很少去在意,他们关注地眼神和殷殷地期盼。

也许,行走的路上,因着生活的羁绊,很多念想,只能在心里发芽,我们不知道,它什么时候才会开花,那个雨花飘香的彼岸,我们会在什么时候到达。

只是,不管这个世界是不是在精彩中让我们倍感无奈,哪怕现实真的是像一张茧,把我们包裹起来。我们都要学习着,将心放开,抛开那些无谓的杂念,把过去放到昨天的篮子里面,在今天画一条线,把它隔离在清新和明晰的视觉之外。

相约温暖,守候阳光。让我们在浊世红尘里,以一份明净,清宁的心境,行走于感恩。

魔力悄悄话

在心里开一道窗,让阳光自由的洒落下来,尽情的享受这份生命美丽的给予,让阳光的暖香充溢每一寸空间。让牵挂和惦念,住在左心房。不管是身边,还是远方,都能感觉到有暗香浮动。

感恩，温暖的动力

时间过得真快，曾经说笑间的感叹，如今却是如此真切。我们丢掉了自己的时间，心痛的同时却学会了怀念，我们曾经抱怨自己曾经的轻言放弃和不屑一顾，但我们怀念成长中的点点滴滴。我们是大方的，我们能原谅自己，原谅自己曾经的不可一世。

每每想到深处，总忍不住辛酸。怀揣梦想，我们可以付出自己的一切。我也如此，郑州十年，奔波在人来人往中，不禁想我到底想要什么。为人子，不能在父母身边尽孝，为人夫不能给她一个安逸的生活。为了梦想，曾经的豪言壮语多少显得有些冠冕堂皇。当我们无意间想起有多长时间没有回家，甚至有多长时间没有给年迈的爹娘打一个电话，不知道他们电话里说的安好是不是对儿女的安慰。因为忙，有没有按时回家和自己的枕边人一起动手做顿晚饭，给她一个温暖的拥抱。我们再没有像以前那样耐心的听他说话。当我们翻起相册，有多少同学儿时的玩伴让我们想不起他们的名字。

我们不得不承认我们是健忘的，手机有多少人是为自己的生意和客户留的，我们只有回家晚了，才知道主动打个电话发条短信。在生意上我们可以谈笑风生，酩酊大醉，回家时却懒得跟给自己端水醒酒的人说上半句。

和以前不同了，没了洒脱，心里多了些酸楚和感动。曾经的叛逆已经接受了父母当初的唠叨。肩上有了责任，我们认可了父母，他们却没了当初的唠叨，我们为此感动和不安，我们不知道是他们老了唠叨不动了，还是害怕给我们压力和负担。

当我们无意间看到父母花白的头发，我们想不起是从何时开始一根一根变白的，我们开始害怕，害怕留给我们"树欲静而风不止，子欲养而亲不待"的遗憾。当看到妻子身上那身两年前的衣服，当她再不用高档化妆品时，我们会被这个和自己没有血缘关系却相伴一生的人感动。我们为有一个心疼自己的爱人，和疼爱自己的父母骄傲的同时。我们不禁想我们给了他们什么？

亲情力——可怜天下父母心

　　尽管我们在事业上还不曾站稳脚跟，尽管我们还会彷徨，但我们明白了生存的意义。再不会说任何让父母伤心的话，再不让自己的爱人受委屈。再不会和朋友同事为一些小事喋喋不休，面红耳赤。从此，我们开始变得平静，开始用温和的眼睛看待身边的一切。想到了身边的亲人和朋友，我们再不会恨无情的时间，他给了我们很多无奈和伤害，但同时它撑起了我们的胸怀。我们可以潇洒的说声，让时间把一切不快和无奈带走。我们只留下那份感动。

　　带着感恩的心，重新打量我们的生活，我想我们能，能走得更远。

魔力悄悄话

　　学会了感恩，学会了感激，也就拥有了全部的自我，拥有了一个全新的世界，拥有了真诚的朋友，没有了悲苦，没有了伤痛，生活就会精彩纷呈……

善良温暖人心

　　善良是挂在心底里的一轮澄澈的明月,它照亮的,是一个人精神的天空。一个一辈子行善的人,心底里的月亮,已经超越了个人,升起在尘世寥廓的江天之上。它洞照的,是这个世界所有人的良心,以及灵魂的纯度。这样的大善,看起来,似乎只是对被救助者境遇的改变。实际上,它改变的,是所有沐浴在月色中的人的心灵。

　　善念是一粒种子,善心是一朵花,善行是一枚果实。每个人生下来的时候,都怀揣着这样一粒种子,它可以为一个人的一生长出最富人情味的奇葩。然而,有的人丢弃了它,逐渐变得冷漠;有的人玷辱了它,最后走向邪恶。更多的人,内心都要散发出花的幽香,或恬淡,或浓郁,丝丝缕缕,飘散的,都是人性的芬芳。

　　善行的果实里,藏着这个世界最深沉的厚道,以及最醇厚的温暖。生命的花园中,如果每一粒善念的种子,一心想着为他人长出温暖的果实,那么,这个世界人与动物永远隔着一条不可逾越的鸿沟——人性。这也是人与动物最根本的区别。从这个意义上讲,人类的尊严,是靠人性来支撑的。而在人性的体系中,善良是从精神的圆点出发的坐标,它所架构的,是人的高。

　　没有谁不需要善良,也没有谁,不被善良感化。即便是自私的人,尽管自己不愿为别人拿出善和爱来,却也希望在交往中,得到别人的善的呵护与抚慰。即便是一颗坚硬如铁的心,坚船利炮攻不破,打不败,有时候,一丝善良,就可以把它温柔地感化。

　　夜晚的天幕上,缀满无数的星星。这些星斗与我们相隔千万里,遥远的,我们永远无法触及。然而,每个晚上,一转身,一仰首,我们总能看到它们那熠熠的光辉。善良的人的内心就像这星斗,他们远离喧嚣,蛰伏在寂静的远方。然而,这并不妨碍他们关注尘世。天上每一颗闪耀的星辉,都是善良的人,投向尘世的不灭的悲悯目光。

　　善行的大小,并不决定于你拿出了多少金钱,干出了多么轰轰烈烈的事

情，而是决定于对所施救的人境遇的改变，以及对这个生命的最终影响。从这个意义上讲尽管你能拿出的只是一元钱，只是一个关爱的眼神，所行的，依然是人间大善。

最高境界的行善，是不在意结果的。也就是说，你施救于一个人，没必要苛求对方感恩；你帮助一个人，没必要等着对方报答。毕竟，行善不是往银行里存钱，所以不要想着连本带利的回报。当然了，善良也有被欺骗被利用的时候。譬如，捐钱给一个落难的人，对方却是一个以行乞为生的骗子；救助一个倒在路上的老人，却被家属无辜赖上。这都是人性的恶在为非作歹，这不是善良的。

魔力悄悄话

行善，永远不会错。你拿出爱心来，无论给了什么人，无论最后是个什么结果，本质上，你都是一个天使。

珍惜拥有

幸福很简单,简单得在它来到我们身边的时候,我们根本无从察觉。在寻找幸福的大军里,我们缺少的是标榜"真正幸福含义"的旗帜。幸福是一种感觉,你感觉到了,便是拥有。珍惜全部的拥有,就是最幸福的人。

时时在想,幸福离我有多远? 却被自己一个一个的理由推翻,原来,幸福一直就在我身边。很小很小的时候,有亲人温暖的怀抱,有可亲可爱的伙伴陪着自由的玩耍,一起唱着的歌如鸟儿的欢叫声回荡在大自然赐予的每一个角落,那个时候,幸福就在身边。

时间逝去,我们都在成长。成长中的我们,在一次次考试结束后捧回的奖状,在一次次得到肯定和赞赏的眼光中,在一次次战胜困难的时候,都会领略到幸福的滋味,虽然当中多了一份苦恼,可是仍然感到了幸福,幸福就在我们身边。

成长的过程里总会有些意外的惊喜和意外的悲伤跳跃在眼前。一个可以随意撒欢的年纪似乎渐渐远去,似乎生命中最初的纯真就那这样恋恋不舍地留在当初那纯粹的心性里了。当面对这世界层出不穷的复杂时终于忍不住在眼神里注满了无奈时;我们理解的少年时那段时光的可贵。

长大以后,面临着爱与恋的欢喜、痛苦、纠缠,发现自己再也不是那一张白纸,上面有了太多太多的图案。经历着一次次的爱过后,痛过后,猛然发现幸福来得很快,走得也快。只是,幸福还在的时候,没有努力抓住它,是自己放走了幸福,回到原点,一个人孤独的走。也许很多人也一样,幸福在的时候,淡淡的,一旦失去了才知道拥有,可那个时候,幸福不会再停下脚步来等你,不会的。

人生不停地在岁月的变幻里交错,许多曾经很特别的经历都在脑海中慢慢平息,甚至消失得没有了踪影。偶然有些回忆都如风掠过时起伏荡漾。

幸福离我们不远,也许她正在什么地方等着你的出现,有缘则会相遇,无缘则会擦肩而过的躲开。从此一切释然。

亲情力——可怜天下父母心

一直都觉得自己离幸福并不遥远,却总也找不到,于是用心去做一个漂泊的人,却在不知不觉间好像离幸福又近了一步。

也许,幸福并不是一种完美和永恒,而是心灵和生活万物的一种感应和共鸣,是一种生命和过程的美丽,是一种内心对生活的感觉和领悟。就像花朵在黎明前开放的一刻,秋叶在飘落的短瞬间,执手相看的泪眼,心中的月亮圆缺……那每个快乐的时光都是幸福的。

幸福是什么?是自己内心的感觉,而不是别人的评论。真正的幸福和悲哀,只有自己才懂,每个人的幸福含义,都不会相同吧?宝马香车,富贵荣华就一定幸福么?竹篱茅舍,小几清茶,短笛长箫,和你的最爱相视一笑,谁又能说不是人生的幸福和快乐呢?然后终于明白了幸福其实就是一种感觉,你感觉到了,便是拥有。珍惜拥有,便是幸福。

魔力悄悄话

人生似乎像电脑的浏览器,一旦选择了链接就注定无法回头。想回头,也是已不愿或者已不能了。于是只有继续朝前走,即便是已经身心疲惫!

世上最珍贵的

　　总是在失去以后才会对往事有所眷恋,也许这是人的本性。拥有的时候不懂得珍惜,失去了才知道他的价值。

　　有个故事曾经让人们感动,说是有个在当地很灵验的圆音寺有一只蜘蛛,由于每天都呼吸着寺里的空气日子久了他也有了灵性,在他修炼了1000年的时候有位游历的高僧路过此处,于是来到寺里,在临走时抬头看到了盘结在网上的蜘蛛,于是问他:"蜘蛛,你认为世界上最珍贵的是什么?"蜘蛛答道:"未得到和已失去。"高僧笑笑离去了。

　　过了不久春天到了,一阵微风把一颗露珠吹到了这个寺里,刚好结在蜘蛛网上,阳光下露珠晶莹别透,特别好看,蜘蛛很开心,每天象珍宝一样爱护它。很快1000年又过了,高僧再次来到寺里,诵经完毕后再看到蜘蛛,这时的蜘蛛已经有1000年的道行了,高僧又问同样的问题,蜘蛛也同样的回答。高僧笑笑又离去了。秋天来了,一阵风把露珠刮走了,蜘蛛伤心极了。可是也于事无补。高僧第三次来的时候,没有问蜘蛛问题,却说蜘蛛你对你的答案改变吗?蜘蛛答道:不变。高僧说:"那好我让你转世去人间,回来你再告诉我答案。

　　于是蜘蛛转世为一家大户人家的小姐,名叫蛛儿,几年过去蛛儿已经出落的十分美丽,16岁时皇上为太子选亲,很多名门闺秀都去参加,其间蛛儿偶遇武状元甘露,他文武双全,英俊潇洒,蛛儿暗暗喜欢他。觉得甘露和她相识冥冥中自有安排。但不久的诏书却让蛛儿万万没有想到,皇上将蛛儿许配给太子芝草,把公主清风许配给了甘露。

　　蛛儿很伤心于是觅死,他的灵魂见到高僧,于是问高僧这到底是为什么?高僧告诉他:甘露就是当年那个晶莹别透的露珠,但是露珠是有风带来的自然也由风把他带走。而现在的太子芝草当年是长在圆音寺门口的一株小草,由于修炼多年转世去了人间。他爱慕了你3000年,可是你却从来没有低头去看过他一眼。蜘蛛听完高僧的话将魂魄复体看到身边为他伤心准备自刎的芝草太子,刹那间痛苦万分,于是上前夺去太子手中的剑,抱在了一起。

此时高僧出现,问蜘蛛,"蜘蛛,世界上最珍贵的是什么?"蜘蛛答道:"不是未得到也不是已失去,而是珍惜现在的每一刻",高僧听后满意的笑了。故事到这就结束了,可是最后的话让我印象很深刻。是啊我们应该珍惜现在,无论生活,亲情都应该好好珍惜。

生活是这样的,你越想忘记的东西越记得清楚,因为你太在乎。亲爱的朋友,抓住现在吧,或许你的不在乎正在伤害着另外的人。我们眼里的爱是一种始终如一的不离不弃,无论任何时候都会坚持自己的初衷。正如歌里唱的:爱是一种信仰。

魔力悄悄话

与其说将亲情进行到底还不如说将信仰进行到底,无论是想念还是怀念都是美好的,就让我们用这些美好去建设我们的和谐生活吧……

呵护那份温暖

岁月如河，谁也无法挽留它匆匆逝去的波涛。世事如棋，人海茫茫，能够相遇相知，或相亲相爱，自有一种缘把我们牵系。

当我们有缘分在这个动态的时空里相逢，在历史的薄薄的书笺里，在时间湍流溅起的一束浪花中。

面对熟悉的往事渐淡渐远，陌生的未来尚难辨析，你我他，浩渺的宇宙里几粒细细的砂子，偶然地紧挨在一起，共同承沐这金质的阳光，这琥珀的空气，这纯蓝的天空，这墨绿的丛林，这开满野花的草地，在流光的手指间，安排了我们不可更改的相约。

我们应该好好呵护。

尽管我们的来路各不相同，未来的走向也会千差万别，可是今天，我们的确真实地在一起，像一片美丽的白桦林，各自坚守着风姿绰约的位置，张扬着与众不同的个性，展示青春的浪漫风情，我们骄傲地站立在同一片充满律动的热土上。

在凄风苦雨抑或彩霞飘飞的旅途中，不论时光的长短，我们终究手挽手肩并肩，走上一条充满温馨的小路，度过一段难以忘怀的岁月。这一段时空之旅，不可逆转，难以复制，就像我们不能在同一时间踏进两条不同的河流。

我们应该好好珍惜。

学会珍惜，侍奉我们的父母双亲，在他们尚未老态龙钟之时，就给予他们儿女的情爱。不要幻想等到你有了足够的空闲，有了丰厚的金钱以后，再去尽自己的孝心，那结果会给你带来的往往是终身的遗憾，且再也无法弥补。"当你拥有的时候不懂得珍惜，当你失去的时候才知道它的宝贵"，因为时间不允许我们从头再来。

学会珍惜，对待我们的兄弟姐妹，多一份关爱和奉献，那份亲缘，是先天注定的，谁也无法选择。也许你的付出，不会得到常人所说的回报，可你细细品尝生活的滋味，你会发现，幸福的含义远不止于得到了什么，而恰恰因为奉献才感到由衷的欣慰和自豪。

学会珍惜,我亲爱的朋友。人生如花开花谢,潮涨潮落。偌大世界,芸芸众生,但更多的却只能与你擦肩而过,很快就走出了你的视野,成为陌路,独独让我们成为朋友,成为意气相投、患难与共的挚友,这本身就是一种奇迹和缘分。

每有良朋,或敞开心扉,秉烛夜谈;或偕数友而出,走进高山大海,丛林草原,亲近自然风物;或儿时好友远道而来,临风把酒,畅叙友谊,回忆童年趣事,忘却俗世烦恼,岂不是人生一大乐事。

学会珍惜,我的同事。人际间分分合合,生活演绎出许多恩恩怨怨,相逢便是缘。我们是齐飞的雁阵,是奔腾的马群,我们属于同一个行进中的方队。

在事业的征程中,自会留下我们跋涉的足迹,刻下时间永恒的印痕。要以热爱和上进书写生命的价值,塑造人生的境界。

也许我们很渺小,也许我们很脆弱,也许我们会历经沧桑沉浮,只要我们常怀感恩庆幸之心,珍惜美好难能可贵的情分,用坚韧和豁达去化解并超越生活的磨难或者琐屑的不快,真实真意地付出,实实在在地努力,尽管不会轰轰烈烈,不会惊天动地,依然可以用真诚的微笑坦然面对人生。没有谁能同我们一样,在特定时间的维度里,朝夕相处,同舟共济。当然,今天的聚首,也许意味着明日将各奔东西,我们如何不珍惜呢。切莫铸成"此情可待成追忆,只是当时已惘然"的遗憾。

不要错过这可以相互祝福和鼓励的机会,小心呵护你的珍宝,呵护这份缘。

须知,这世界上最有力量的不是坚硬的钢铁,而是爱,是温暖,是流动在人心里的善良和温情。时光的雕刀终究会把你我刻得风雨沧桑,滤去流水落花,剔除浮光幻影,沉淀于内心的,也许只是一个真诚的笑容,一个祝福的眼神。

珍惜生命,珍惜今天。

人的生命只有一次,没有虚无的来生,时光不会倒流,让我们现在就出发,朝着既定的目标。如果总以为我们还有若干明天的话,那才是世上最不幸的人。

珍惜自然,珍惜和平。我们都是大自然的杰作,不是其他生命的主宰。要珍惜每一束哪怕是微卑的小花,一簇低矮的小草;生活在和平中的我们,其实都没有认真思考过和平的真正含义。你可知道,曾经是四大文明古国之一的古巴比伦王国,在遭到野蛮轰炸的时候,他们是怎样用血和泪在祈求和平啊。生活在阳光下的我们,怎能不倍加珍惜呢。

魔力悄悄话

　　人生有风有雨,生活有苦有甜。学会珍惜,才会成就事业,缔结良缘,才会放飞希望,收获美好。

珍惜你的拥有

静静地走,脚步匆忙,步履疲惫。每个人都会累,都会疲惫,想象完美的事情真的很难。所以,别太怪自己,不要过分勉强,不要竭力想去抓住什么。轻捻一缕心香,将心放逐,学会在淡淡中感知生活。人的生命原本就是如此的纠结和难以捉摸,只求自己的一份真诚换来无悔的时光,给自己的人生旅程增添些难忘的故事。时光荏苒是大自然无法抗拒的规律,人的一生又何尝不是如此。所以,珍惜人生拥有的四个季节,和春天约会,有个明媚的心情,尽情拥抱夏的浓绿,不用为秋的枯黄惆怅,即使是冬,也有腊梅傲雪妩媚。不管怎么样,生活依旧,或温暖,或多彩。蘸一抹绿色给心情,孕育一片心绿,心中充满暖意,让希望带自己前行。

时光,无论怎样的不舍和留恋都要过去,往后的路还很长,也不可能是一条直线。生活赋予我们很多,年年岁岁间,向左走,向右走,一边经历,一面感受。时光里,一路欢歌也好,一路悲伤也罢,让过去在开满阳光的地方坠落,散开。不必犹豫,握着时光微笑着生活,微笑着行走,微笑着翻过生命中的每一页。浅行在时光的流水里,静静地载着岁月的忧愁与欢乐,依旧在路上,把喜悦传到天涯,把忧伤仍到海角。季节在更替,抬头看天,多少世事涌动,在天空下显得是如此渺小。春华几度,怅惘时习惯把心停驻,把美丽写在脸上,坚持着我的坚持,过着生活。一个转身,一个遗忘,灿烂的笑颜,依然会温暖如初。

尊重每一个微笑的展露,尊重每一份真情的流露,尊重默默的关怀与无言的给予,尊重每个生命的美好。我们来到这个世界,只要努力,每个人都有属于自由的空间。只要善良,每个人都是爱的天使,只要自信,每个人都有主动权。在经历中学会尊重自己和他人,学会慢步稳行,放低执着,让身边的人因你而快乐。人有的时候,说服自己是最难的。我们懂得怎样做聪明的人,懂得怎样做会让人喜欢,更懂得怎样提高自己提升品质,还懂得人与人之间应该相互信任和珍惜,可是做起来真的很难。总之,我们无法做到完美,只要怀着温润的心扉,敞开胸怀。不存有恶意与虚伪,不含有怒斥与抱怨,做到真实,就足矣。

给心灵放个假,把心放在最柔软的地方。对着静静的天空、平静的湖水,深深地呼吸清新的空气,将它珍藏在生命里最美的一隅。给心灵放个假,拥有健康的身体,拥有良好的心态。让精神轻盈些,心灵安顿了,平衡了,丰盈了,我们的人生也就快乐了,美好了,无憾了。就像生活,简单,平淡,才是原始真味。生活之路,不管是荆棘遍布还是鲜花盛开,我们都要走下去。生命中的磨砺、无常,我们都要以积极的心态去面对。**学会生活,本来就是美好的事情,人要有看不透的事,才会活得更好。当清晨的那一缕阳光亲吻大自然的时候,就让我们扬起笑脸,感受生命的精彩,相信一切都会过去,而过去了的会变成淡淡的回忆。**

快乐的日子,需要慢慢的品味,痛苦的日子,同样要慢慢咀嚼几经回转慢慢下咽。开心也好,痛苦也罢,总得过完每一天,所以,给苦辣酸甜的每一天一份淡然,用欣赏的笔墨去描绘人生画卷。每一次不同心境的改变就是一种色彩的更换,不同的心情恰恰勾勒出人生的色彩斑斓,学会品尝人生,学会体验生活。有梦想的人生是美丽的,它就像心灵的指路明灯,在它的指引下我们才能走出黑暗,让我们不会孤单寂寞茫然,而走到阳光下。无论梦想是现实还是虚无,它的过程都是美丽。只要为了梦想真正的努力过,生命就是无憾的。

魔力悄悄话

学会珍惜人生的拥有,我们能够每天看见温暖的阳光,享受明媚的天气,生活就是美好而令人感动的。

学会珍惜　懂得感恩

学会珍惜——首先,我们要珍惜自己的生命。生命为父母所赐,只有一次,消逝了将永远不再。人生旅程就那么短短几十年的时间,长者,目前世界上还没有达200岁的人。就算能活200岁,撑满天不就是70000多日夜的时光,相对于漫漫宇宙,也是如云烟一般转瞬即逝的。生命是宝贵而短暂的,我们真的挥霍不起。生命的过程,就是一段时间。珍惜生命,其实首先就是要珍惜时间。古人说得好,一寸光阴一寸金,寸金难买寸光阴。是呀,每一分每一秒,我们都浪费不得。再者,生命的历程中,难免挫折与失败。对此,我们要泰然面对而顽强不息。绝不可以退缩不前而虚度时日,甚或以轻生而结束生命的方式来逃避。其次,我们要珍惜一切美好的缘分。比如:亲情,友情,师生情,……一切人与人之间美好的感情关系,我们都应用心呵护,好好珍惜,绝不可肆意践踏而毁坏。很难想象,一个人没有了各种美好感情关系的支撑,活在这世上还有什么意义和快乐而言? 还有,我们要珍惜一切偶然到来或来之不易的机会,要珍惜大自然的一花一草……总而言之一句话,我们应珍惜身边美好的一切。

懂得感恩——没有父母的生养与哺育,哪来我们生命之躯? 没有老师的谆谆教导,我们又怎能掌握知识和明晓事理? 没有朋友的相帮,我们又怎能体会到亲情之外的温暖? 没有工人和农民们的辛勤劳动,我们又怎能有衣食住行? 没有阳光、空气、雨露……我们又怎能有维持生命的五彩斑斓的环境? ……没有了旁人及自然的给予,我们自己一个人将是寸步难行和无法生存! 有句古话说得好,滴水之恩,涌泉相报。讲的就是人要懂得感恩的意思。当然,对于父母养育之恩,我们是"谁言寸草心,报得三春晖?"一些人对我们的给予,也绝没想从我们这里有所索取。再者,由于能力之限,我们也是做不到"滴水之恩,涌泉相报"的。**人与人之间的情感是相互的,否则,时间久了,一个人真的会孤立无援的。人与自然亦是如此。地球环境日益恶化,生态灾难频发,就是因为人类过分滥用而不注意保护造成的。**

　　人之所以区别于动物,是因为人有思想与情感。雁过留声,人过留名。既然来到这世间,我们总不能两手空空的来,无所事事如行尸走肉一般,又身后空白一片的走吧? 我们活一辈子,总不能只会吃饭睡觉和行男女之事吧? 学生,就要搞好自己的学习;教师,就要做好自己的教育教学;工人,就要抓好自己的生产;农民就要种好自己的庄稼……我们得有所作为,得努力进取,让自己的事业不断发展,让自己的做人境界不断提高,这样才行。——生命存在一天,奋斗不息一日! 要相信,一分耕耘,一分收获。只要肯努力,我们一定会有所成功的。至少,在努力进取的过程中,我们的人生是充实而有意义的,也是真正快乐的。

魔力悄悄话

　　我们应在心里记住别人对我们的好,不能做一个自私的人而一味索取,应尽力去回报,做一个善良的人,对家人、亲友、社会以及自然有所贡献才行。人人为我,我也得为人人呀!

第八章
牵挂是一种幸福

　　把牵挂完全看成累赘的人迟早会发现，一个人在失去牵挂的同时也会失去许多本不想失去的东西。在承受那份洒脱那份浪漫的同时还得承受那份孤独，那份无助，那份迷惘，其实人在旅途，不能牵挂太多，也不能无所牵挂。太多的牵挂会使人迈不出脚步，展不开翅膀，而无所牵挂的人又往往无所顾忌，太多的豪情和太多的浪漫，足以使他们把生命挥洒得淋漓尽致。但一路的挥洒并不总是伴随一路的欢笑。茫然和无助也会冷不防地袭上心头，常常有人在跋涉千里过后，依然不知自己身归何处，心系何方！

一生的承诺和牵挂

　　每个人都有自己的家,但是,在每个人心里,家都有不同的含义,也许家是用亲情筑起的神圣殿堂,也许,家是用爱滋润的甘甜,也许家是用理解培育起的宽容,也许家是欣赏磨合的浪漫,也许家是用心心相印唱响的一曲生死恋歌,也许家是用真诚融化了的那份远在海角天涯的牵挂;家不仅仅是有让人心醉的玫瑰娇艳,还有随时都可以刺伤我们脆弱感情的琐碎与烦恼。家不仅仅是有那甜蜜的吻,热烈的拥抱和柔情似水的情话,还有那不经意间的争吵和冷战,这些随时都可能把这温馨的家拆散。

　　渐渐地,蹉跎的岁月告诉我,家是心灵与肉体的加油站,家也是我疲惫不堪时停泊的港湾,家永远都会像父亲那样无私的付出,也永远都会像母亲那样无条件地接纳,它可以停泊万吨巨轮也可以栖息孤舟小船。

　　家,虽然盛不下太多的一见钟情式的浪漫,但却能留下来白头偕老的坦然,家,留不住那些曾经在花前月下卿卿我我的誓言,但却能酿成这份黄昏湖边的相依相伴,家即是一把陈旧的伞,当遇到再大的风雨,它都能给你撑起一片晴朗空间。

　　家是那盏黄昏的灯,它能引领夜行的我,平安顺利地回到我已久违的家。家有时很轻,轻得就像是一粒灰尘,会被一句莫须有的猜疑轻轻地吹散,而不留任何痕迹,家有时却很重,重得如一座山,那份沉甸甸的责任都可以把一副钢铸的脊梁压弯。

魔力悄悄话

　　家可以很简单,简单的可以是由两个人来构成一个完整的家,家可以很复杂,复杂地可以把 56 个民族组成一个幸福和睦的大家庭。

感受牵挂的厚重

牵挂是一种美,有人牵挂,是一种幸福。

无牵无挂的日子自在又逍遥,拎一只皮箱就能去远行,怀一个梦想就能去流浪,没有人阻挡你,也没有人让你放心不下。

你可以把自己放飞成一只小鸟,成天飞来飞去,不知在哪个树梢留恋,不在哪个屋檐下歇息,你可以自由自在地活在这个世界上,除了自己,不为任何人。

潇洒与浪漫时常伴随我,可这样的日子能不能走到一个尽头?飞倦的小鸟能不能没有归属?

总有这样的时候,某个孤寂的夜晚,你会觉得无人牵挂不是什么幸福,行人匆匆,没有人瞥你一眼,万家灯火,没有一盏灯为你闪亮。

孤独伴着寒意向你袭来,一种莫名的伤感,在你心中缓缓升起,没有人向你倾诉什么。

踯躅在寒冷的街头感觉自己如同无人认领的弃儿,等到孤独把你浑身淋透,你会猛然觉得,哪怕是亲人的一声呵斥,也是十分舒心的,哪怕有一个让自己思念的人,也是十分温馨的。

把牵挂完全看成累赘的人迟早会发现,一个人在失去牵挂的同时也会失去许多本不想失去的东西。在承受那份洒脱那份浪漫的同时还得承受那份孤独,那份无助,那份迷惘,其实人在旅途,不能牵挂太多,也不能无所牵挂。

太多的牵挂会使人迈不出脚步,展不开翅膀,而无所牵挂的人又往往无所顾忌,太多的豪情和太多的浪漫,足以使他们把生命挥洒得淋漓尽致。但一路的挥洒并不总是伴随一路的欢笑。

茫然和无助也会冷不防地袭上心头,常常有人在跋涉千里过后,依然不知自己身归何处,心系何方!

人生在世,可以无人喝彩,无人青睐,但不能无人牵挂。茫茫人海,漫漫

旅程,总要有牵挂自己,总要有人让自己牵挂,哪怕相距遥远,彼此不能牵手,也好拜托清风,带去一缕思念,捎来一声问候。

被所爱的人牵挂着是幸福,如若无法感知爱人的牵挂,会有千般惆怅卧心底,只有极力压抑思念,努力排解不安,心儿在等待中一点点沉入谷底,爱的电波中断的时间越长,煎熬便越久,哪怕是一点点消息,一句报送平安的话语,也能让爱人心安。或许拥有这份牵挂时,觉得是一种负担,可当心儿远离,才会明白失去的最是珍贵。

魔力悄悄话

太多的牵挂会使人迈不出脚步,展不开翅膀,而无所牵挂的人又往往无所顾忌,太多的豪情和太多的浪漫,足以使他们把生命挥洒得淋漓尽致。

牵挂是一种奇妙的东西

心中的牵挂,都是情感中不可缺少的惦念;牵挂心里最在意的人,牵挂自然生成。

由牵挂编织的网,网结着亲情爱情友情……

牵挂送给可爱的人,有人不知真情为何物,任意将爱抛洒,用欺骗与甜言蜜语编织爱情之网,心儿同时在他处游弋。这样的人不配拥有最真切的牵挂,为这样的人朝思暮想,茶饭不思,实属不值。

牵挂虽美,有时也透出无奈,如若牵挂变成心灵的负担,那么就将它放开,无需不安,不要自责,牵挂由心,方为美妙。过于刻意的情感,无法经受时间的检验,淡忘是最终的必然,友情淡淡,相交如水,擦身而过,自然的笑意,便足以使人快乐。

从来不知何为牵挂的人,内心被自私的影子占据,心中没有爱人亲人朋友,把爱吝啬藏起,不愿付出,生活在一个人的世界里,感知不到情感的神圣,内心充斥着冷酷的清凉。可是岁月不会漏掉任何一个人,谁也不会永远强硬,衰弱一样会降临。试想,没有生活中点点滴滴情感的给予,夕阳来临时,又怎能获取最真最深的人间真情。

牵挂是一种奇妙的东西,它无形,却有力,让爱人心动,让父母欣慰,让孩子踏实,让朋友欢喜。多少人相识又分开,多少情来了又远去,真正留在我们身边的人无几,实实在在的牵挂,或许更少,能被人牵挂是幸福,是快乐,是甜蜜。

牵挂似一条无形的线,紧紧系在爱人的心上。你快乐,便是他(她)的幸福,你伤心,便是他(她)心中的最痛,你在他(她)的心里,他(她)的爱悄然伴随着你,即使步履匆匆,哪怕千山万水,都无法阻隔爱的信息,不能切断爱的心迹,婚姻的围城里,柔情的妻子,无论再晚也要为心爱的人留下——一盏照明的灯,妻子的牵挂使丈夫归家的步履更匆匆,远离诱惑,心儿不会迷失,家就是他心中温暖的爱巢。

牵挂是父母无形的手,伸向孩子所在的方向,无论孩子年已几许,身居何位,都永远是他们手中珍宝。父母的唠叨会在儿女耳边常常响起,即使是暴风骤雨式的厉言,也是他们无法割舍的爱意,危机来临,父母会用自己的一切换取儿女生命的延续,孩子的平安幸福,是父母心中最大的慰藉。那些在外的游子,身后总有温存的眼睛远远地注视,那是父母最深的牵挂与眷恋,遥遥情相系,默默心相牵。

牵挂是儿女送给父母心之调温器,炎炎夏日把清凉的风吹送,寒冷冬日如火炉一样暖意融融,儿女一声自然地呼叫:爸,妈……便能让父母的心融化,柔软,布满皱纹的脸上绽放如菊般灿烂的笑颜。儿女一句问候,一个幸福的表情,都让父母喜上心头。细心的儿女,他们品读了孝顺之真谛,让父母宽慰,舒心顺心,才是最大的孝意,他们无论多么忙碌,也会让父母感觉到爱的甜蜜,每走一处,不会忘记给父母及时报声平安,送上问候。

牵挂是朋友心之宝石打造的无形钥匙,积极向上的真挚友情,会开启朋友的心锁,展露真诚的友爱晴空。他们一起经历,不断抚慰,共同迎接生活的风雨,虽不能时时相聚,牵挂却在不经意间流露,刹那的触动,由心生出无以言表的情愫,默默地祝愿藏在心底。

牵挂是老师送给学生无形的灯,激发他们尽情遨游未知世界的勇气,老师关键时刻暖心的话语,会扫去学生心中的彷徨,一生受益,优秀的老师用无私的付出,父母般的爱,为孩子指明前进的方向,用人生阅历解答孩子成长路途中的疑虑,让点点滴滴汇成知识的海洋。老师们说着智慧的语言,高举爱的心灯,让孩子们沐浴在阳光大路上,快乐前行。

魔力悄悄话

人生在世,无人牵挂,便如游魂,孤单地来去,黑夜似乎更加漫长,太阳也似黯然无光,灰色的天,沉闷的人,走在街上,看着那张张陌生的面孔,无法感知温暖的问候与关切的眼神。

最珍贵的感动

是什么样的思绪在安静的夜晚里悄悄泛起,随即那一点牵挂便涨满了整个心房?是什么样的感动在一个毫不相关的瞬间突然掠过心头,让我们不由自主地回忆?是祖父抚爱我们的粗糙的手掌,是外婆慈祥从容的笑容,是童年不苟言笑的父亲的脸,是母亲没完没了的叮咛,是兄弟姐妹互相争吵嬉闹的画面……一张张平凡如水的剪影沉淀在岁月之河的深处,随着时间的流逝和年龄一起慢慢变得深沉耐读。

这是生命里最难忘的感动——亲情。

亲情没有隆重的形式,没有华丽的包装,它逶迤在生活的长卷中,如水一样浸满每一个空隙,无色无味,无香无影,于是也常常让我们在拥有时习以为常,在享受时无动于衷。

亲情是饭桌窗前的晏晏谈笑,是柴米油盐间的琐碎细腻;是满怀爱意的一个眼神,是求全责备的一声抱怨;是离别后辗转低回的牵挂,是重逢时相对无语的瞬间。

常常,一个简单的电话,一句平常的问候,都是对亲情最生动的演绎和诠释。没有荡气回肠的故事,没有动人心魄的诗篇,从来不需要费心费力地想起呵护,却永远如水般静静的流荡在我们生活的每一个角落,悄悄滋养温暖着我们的身体和心灵。

亲情是最朴素最美丽的情,它不像爱情那样浓郁热烈,也不像友情那样清新芬芳,却是那么的缠绵不绝、余韵悠长。它不似爱情那样缘于两情相悦,也不是友情那样有着共同的需求,它和我们的血脉相连,与我们的生命相始终。

爱情也许会流散死亡,友情也可能反目成仇,只有亲情永远是我们心中最温柔的角落。虽然常常我们会因为它平常而忽视,常常因为它朴素而会忘记,可是当我们伤痕累累,满心疲惫之时,最先想到的只能是我们最亲的亲人,只有他们可以不计得失敞开胸怀的接纳我们。

亲情不是浓烈的醇酒,不是甜美的饮品,它只不过是一杯纯净平淡的白开水,虽然无色无味,却是我们生活中不能须臾离开的。它不会让我们兴奋,却能让我们安静;它不会给我们刻骨难忘的体验,却始终为我们提供着不可或缺的营养。亲情中自有一份纯朴和自然,不用刻意的雕琢,在我们意识到时,它早已悄悄浸润在我们的指尖脉络中。

魔力悄悄话

在纷繁的红尘世界,因为有了那一份亲情在,不管距离远近,无论喧嚣寂寞。我们的心始终是安然从容的。

牵挂是灵魂絮语

牵挂，是一颗心对另一颗心的深深惦记，是联结亲情、联结友情、联结爱情的纽带。牵挂是一份亲情，一缕相思，一种幸福。

牵挂是一种生命形态，是所有人都要寻找，都会珍爱的精神场所和心理磁场。鉴别感情深浅的最好方法是牵挂的长短。"孔雀东南飞"的美丽传说，"孟姜女哭长城"的千古绝唱，"梁山伯与祝英台"的悲欢离合，"思君如满月，夜夜减清辉"的妙句佳章，都描述着因牵挂终致面容渐消瘦，直至付出生命的故事，留给我们一份至真至诚的悲凉的美丽。

牵挂，是一杯浓郁的感情琼浆，是一句依依惜别的祝福。父母对子女的牵挂，就像一片云，随着天空中的飞鸟四处飘荡，穿越千山万水，萦绕在子女心头。兄弟姐妹之间的牵挂，有如山间小溪，清澈透明，只要青山不老，它就会淙淙流淌不息，唱一路欢歌，撒一路浪花。夫妻之间的牵挂却似一首婉约的词，缠绵幽远，相思常使泪沾巾。还有朋友之间那份不含有血缘关系、不掺杂私心杂念的牵挂，常能给人以无穷的力量和勇气。

牵挂，是人与人之间一种珍贵的情感。它没有虚伪的杂质，也没有功利的色彩。牵挂，是慷慨的给予无私的奉献，是深深的祝福和默默地祈祷。牵挂，不是虚无缥缈的海市蜃楼，而是一种实实在在的真真切切的细节与作为。牵挂是灵魂絮语，是心灵对话。

魔力悄悄话

牵挂是一种生命形态，是所有人都要寻找，都会珍爱的精神场所和心理磁场。鉴别感情深浅的最好方法是牵挂的长短。

牵挂是心底最美的花

人生总是这样，有时，我们选择什么，就必须放弃什么。得到什么，就要舍弃什么。尽管，还有些想念在心头萦绕。尽管，明知往日付诸流水，还是会在不经意时，让牵挂伴着回忆乱飞。

一些往事岁月带不走，越经洗涤越鲜明。且让夏日的雨安抚躁动的思忆吧，无论时间流逝，它始终活在记忆中。**被人牵挂着是一种幸福。偶尔想起时轻轻地一声问候，如置身在柔风细雨中，润湿心田带来一片舒心畅快的感觉。**而牵挂一个人时，也是一种美丽。有时，在恍然之间，静默之时，凝眸之际，蓦然回首的那一刻，总有一个熟悉的身影在眼前晃动，曾经深藏在心底的影子固执盘踞。映在眼里，刻在脑海里，在左在右，在前在后，任你费力躲避藏匿，它始终挥之不去，这般如影随形。

牵挂，此刻在心灵盛放成最美的花，清冷，孤寂，馨香，凄美……远远的注视，默默的祝福着对方，在千里之外独守这份寂静中的美丽，他永远不知你心思。牵挂，有着淡淡的忧，淡淡的喜，混合着一点点酸一丝丝甜，融合成一杯相思酒。浅酌淡饮之际静静地埋藏着一些思念。悠久长远如陈年老酒在静夜散发丝丝醇香，一遍遍涤荡着柔软的心。

于是，牵挂着，想念着，回忆着，品尝着这杯盈满思念的酒，任思绪无边无际在安静的空间里游来荡去。

魔力悄悄话

牵挂，是一杯浓郁的感情琼浆，是一句依依惜别的祝福。父母对子女的牵挂，就像一片云，随着天空中的飞鸟四处飘荡，穿越千山万水，萦绕在子女心头。

一生该有多少牵挂

树影摇曳,杨柳婆娑;大雁南归,思念重重。在人的一生中,该有多少悲欢离合? 在人的生活中,又该有多少牵挂之情?

牵挂,往往植根于善良人性的沃壤。普通人有牵挂,伟人同样也有牵挂。人生中,没有牵挂,就不会有"慈母手中线,游子身上衣"的那种亲情;生活中,没有牵挂,就不会有"梁山伯与祝英台那凄婉动人的十八里相送";世事中,没有牵挂,就没有国家领导人及爱心人士,在 2008 年 5 月汶川大地震中,先后深入灾区看望灾民和踊跃捐款的动人场景。牵挂,是一种浓浓的思念,一种深深的情谊;牵挂,是一种慈祥、仁厚、关切、道义和挚爱的结晶体。

牵挂,是印在远方妈妈那张脸上的深深皱纹;牵挂,是父亲夜灯下写来的那一封又一封长长的家书;牵挂,是爷爷奶奶电话那头絮叨不休的嘱托。

牵挂的感觉,就像冬日里温暖的阳光;牵挂的感觉,犹似秋日里灿灿的果香;牵挂的感觉,恰是夏日里山涧欢快的小溪;牵挂的感觉,也如春天里醉人的花香。既能温暖你那颗漂泊的心,又能给你的人生留下深深的回味。没有牵挂,就没有"儿行千里母担忧"的长夜难眠;没有牵挂,也不会有"女儿生活父挂念"的嘘寒问暖。牵挂,是一曲人间的母爱如歌;牵挂,是一首人生的父女情诗。

一生的时光,该有多少牵挂?

牵挂别人,是一种情深义重的相思与体贴;被人牵挂,是一种难以言语的感动和幸福。不是吗? 当你身处异乡为异客时,假如你能得到远方亲朋好友的一份申请的关注、真诚的祝福和安慰,哪怕是一声简短的问候,你也会从内心由衷的幸福。

牵挂,是生活的必然。就像有树就会有风一样,有离别就会有牵挂。没有牵挂,生活就会失去靓丽的色彩;没有牵挂,人间就会失去真诚和挚爱。离别越久,牵挂就越深。就像坛子里没有开启的老酒,时间越长,酒味越香。

牵挂,有时会放飞你的思绪,变成一种美丽的遐想。这种遐想足以把难挨的孤独与寂寞研磨成粉末,弥散在岁月的缝隙里。

　　牵挂,虽然有时是痛苦的。但他迟早会超越痛苦,使你的灵魂得到净化和升华。没有牵挂,也许是轻松的,但你永远也不会享受到那种生命的悸动之美。

魔力悄悄话

　　没有牵挂,就不会有人间的大爱;没有牵挂,就没有家庭的温馨。老人,需要子女的牵挂和问候;子女,需要父母的关照和呵护。

第九章 善待亲情

这个世界上，有一种情，与生俱来，血脉相连，不以贫富贵贱而改变，不以个人喜好厌恶而取舍，这就是亲情。

亲情是荒寂沙漠的绿洲，当你落寞惆怅、软弱无力干渴病痛时，看一眼已是满目生辉，不感到孤独；亲情是黑夜中的北极星；亲情是航行中的一道港湾……因为亲情的无私，因此我们感恩亲情，亲情教育让我们懂得尊孝礼仪。它们既谆谆教导我们，又时常与我们进行心与心的沟通，这是恩情与友谊的交融，所以我们感恩亲情。

父亲一样的大叔

我想，或许作为一个普通人很难做出惊天动地的大事，但就是在一件件小事中，我们也能给别人带来一缕春风，一丝温暖，一份亲情。只要心中有爱，就能像那位黑夜中的大叔一样，用光明照亮姑娘回家的路。爱无处不在。

在远离家乡的城市求学，对一个农村孩子来说是件既骄傲又辛酸的事。都市的喧闹繁华，于我如海市蜃楼般美好而遥不可及，我必须考虑的是父母面朝黄土背朝天的劳作和我那减了又减的生活费。上大学的第二个学期，我终于找到了一份工作——家教。

工作来之不易，所以我格外用心。每个双休日，我都要在郊外的校园和市中心学生家之间穿梭。路很远，为了省下一半车费，每次我都要跑一半路再乘车。

一个星期六，由于多上了一节课，从学生家出来，已是华灯初上了。公交车站牌下只有一只垃圾箱静静立着，最后一班车早已开走了。

路边音响店里放着舒缓柔美的流行歌曲，我却感受不到丝毫温暖。出租车一辆接一辆地呼啸而过，我却不能拦下任何一辆，因为，我知道，我的衣袋里只有两元三角钱。去郊外必经的那条路没有路灯，我硬着头皮向前走。

"闺女，坐车不？"一辆人力三轮车停在我面前。车主是个40岁左右的中年人，有着黝黑的皮肤和憨厚的笑脸。那是父亲的皮肤，父亲的脸。

我说了学校的地址，并掏出所有的钱给他看，他轻轻叹了口气，说："你也太胆大，大黑天儿的一个人回郊外。走吧，我送你去。"

路上，他不停地问这问那，问大学里多姿多彩的生活，问我的学习成绩。当他得知我是做家教挣生活费用，竟轻声责备我：小闺女家，哪能这样拼命呢。没钱，问家里要，你爹一定能想办法！那口气和父亲责备我时一模一样，我的泪一下子涌了出来。

到学校大门口时，他已累得大口大口喘气了。我把仅有的两元三角钱塞到他手里，扭头就想往学校跑。他一把拉住了我，喘着气说："别……忙，闺女，留几毛……茶钱吧！"说着，往我上衣口袋里塞了一下，又按住了我要掏口袋的手。我哽咽着，想说些什么，可只叫了一声"大叔"就什么也说不出来了。

他又叹了口气，用一只长满了老茧的大手摸了摸我的头说："闺女，好好念书，给你爹争口气。我得走了，啊。"那动作，那口气，很像我的父亲。我看着他和那辆车一点一点融入夜幕，泪水止不住地淌下来，父亲和大叔的影子一遍又一遍地在脑中显现、重叠。

那天，我在大门口朝大叔远去的方向站了很久，直到我终于明白，也许这一生我都没有机会再见这位父亲一样的大叔一面。同室的姐妹都已睡下，门给我留着，我换下的没顾上洗的衣服已经被洗干净挂在了我的床头。我掏出大叔塞回的"茶钱"，看见一张墨绿的两元人民币，在灯光下闪着温馨华美的光芒。

我的泪再一次流出来，泪眼蒙眬中我看见了那黝黑的皮肤和憨厚的笑容，看见了父亲，看见父亲一样的大叔，看见了人间最美最温暖的东西……

魔力悄悄话

黑夜中晚归的姑娘，可能会遇到各种各样的人和事，甚至是坏人或者坏事，但这篇文章里的姑娘幸运地遇到了一位善良的三轮车夫，一位像父亲一样的大叔。这位大叔不仅把姑娘送回了学校，而且还让离家在外，异地求学的她，感觉到一份父爱的温暖。大叔离去的背影，在姑娘的眼里和自己父亲的形象重叠在了一起。读过这篇文章后。

拥抱亲情

一个亘古不变的话题，多少文人为此挥毫泼墨，毫不吝惜，留下了不朽的诗篇。

"慈母手中线，游子身上衣。临行密密缝，意恐迟迟归。谁言寸草心，报得三春晖。"一种爱怜，一种不舍，一片爱子的情怀；人有悲欢离合，月有阴晴圆缺，此事古难全。但愿人长久，千里共婵娟。"一种伤感，一种无奈，一片思念的情怀；海上生明月，天涯共此时。"一种希冀，一种相思，一片期盼的情怀。

亲情，一股脉脉清泉从心田涌出，润遍全身，犹如如酥的小雨滋润大地，唤出一片初春的生机勃勃。

亲情，虽无"山中发红萼"的娇花般雍容华贵，韵秀多姿，也无"飞流直下三千尺"的瀑布般倾泻而下，雄壮瑰丽，更无"列缺霹雳，丘峦崩摧"的巨雷般石破天惊，震撼人心。但她温柔如水，温暖如春，带来的是久久不能忘怀的感动。

有一个故事叫乌鸦反哺，有一份亲情叫羊羔跪母，有一种精神叫叶落归根，有一句坦言："臣无祖母无以至今日，祖母无臣无以终余年。母孙二人，更相为命，是以区区不能废远。"

也曾有一份沉甸甸的亲情让我泪流满面。一位母亲不幸患了尿毒症，需要换肾。

家中的亲戚一筹莫展，只有她的五岁女儿肩负起了重任。小小年纪便在街上、火车上卖花、卖水果，只为挣出给母亲患肾的钱。狂风骤雨、严寒酷热都无法阻挡她对母亲深深的爱。在那幼小瘦削的身躯得上承载的意志是多么坚强，拥有的力量是多么伟大！

亲情，就是那和煦的春风，给我们带来了奋进的力量；亲情，就是那浩瀚

亲情力——可怜天下父母心

湛蓝的天空,给我们带来了宽以待人的豁达;亲情,就是那巍峨的崇山峻岭,给我们带来了爱的永恒。

感动于亲情,沉醉于亲情,迷恋于亲情。

去拥抱亲情吧,去体味生命的真谛!

魔力悄悄话

亲情,有一种无比奇妙的力量;亲情是一则永不褪色的话题。亲情是一坛陈年老酒,甜美香醇;是一副传世名画,精美隽永;是一首经典老歌,轻柔温婉;是一方名贵丝绸,细腻光滑。

亲情无价

　　人间至情有三种:亲情、友情、爱情。其中最无私的恐怕是亲情。亲情是无私的牵挂,亲情是真诚的奉献。亲情是人生高飞的翅膀,亲情又是失意时港湾。我们身边都存在着亲情,我们无时无刻不享受于亲情的海洋中,可又有多少人懂得这份亲情,回报了这份亲情呢?

　　有这样一个关于树的故事:

　　很久以前,有一棵大大的苹果树。一个小男孩每天都喜欢来这玩。他有时爬到苹果树上吃苹果,有时躺在树荫下睡觉……

　　时光流逝,小男孩长大了。

　　一天,小男孩回到了树旁,一脸忧伤。

　　树欢快地说:"和我玩吧!"

　　"我已经不是小孩子了,我要玩玩具,我需要钱!"

　　"对不起,我没有钱……但你可以摘下我的苹果去卖,那样你就有钱了。"

　　于是,小男孩把苹果摘了个精光,开心地走了。

　　一天,小男孩回来了。

　　树喜出望外"我们一起玩吧!"

　　"我没有时间,我要做工养家,我要盖房子住,你能帮我吗?"

　　"你可以砍下我的树枝盖房子"

　　于是,男孩又把树枝砍个精光。树再次寂寞难过。

　　一个夏天,男孩又回来了。树雀跃万分。

　　男孩说:"我现在越来越老了,我想去划船,你能给我船吗?"

　　"用我的树干去造一条船吧!"树毫不犹豫。

　　男孩锯下树干,造了一条船。多年之后,男孩又回来了。

　　"对不起,我的孩子,可惜我现在什么也不能给你……唯一流下的就是这枯老的根了"树含泪说。

"我现在只要个地方歇一下就好,经过这些年我已经累了。"

"好啊!"说这树努力直了直身子,"正好,老树跟是最合适坐下来休息。来啊! 孩子,坐下来休息"。

男孩坐了下来,树开心极了。

也许,有很多人会领悟:故事中的树就是我们的父母吧! 不错,故事中的树就是我们最熟悉的父母。你可能觉得男孩对树太无情,然而我们谁又不是那般对待我们的父母呢?

如果说,世界上还有哪种爱是无私的话,那就是父母对儿女的爱。如果说,还有哪种爱可以让我们泪流满面的话,那也只有父母对儿女的爱了。当我们长大后,离开他们……只有当我们有求于他们或遇到什么麻烦时,我们才会回家。他们为了我们已经尝透了酸与苦,为何不让他们享受一下甜呢? 此刻我是这么想,可见世间儿女又是怎么想呢?

魔力悄悄话

亲情,就是那和煦的春风,给我们带来了奋进的力量;亲情,就是那浩瀚湛蓝的天空,给我们带来了宽以待人的豁达;亲情,就是那巍峨的崇山峻岭,给我们带来了爱的永恒。

定格亲情

三张挂在墙上的图片,为何有如此大的魔力? 让走过的人驻足,让欣赏的人神伤,让品味的人落泪……

这是一个父亲的背影,黑布大马褂,深青布棉袍,身体肥胖,吃力地攀爬月台。这是朱自清笔下的父亲,他展现在人们面前的便是这幅"父亲的背影"。可这图片中又隐藏着多少的片段呢?

画前的人看到的分明是自己那苍老的母亲的白发,白发中是母亲那逝去的青春,是母亲那沧桑的岁月;停留在画上的目光看到的分明是自己那年迈的父亲的已不挺直的腰身,那驼的背是最美的弧线,它是劳累,辛勤,养育;它是孩提时代孩子们最爱坐的桥,它是子女们心中最值得依赖的大山……那背影,那白发,那弧线,看着自己已不年轻的父母,辛酸早已化作热泪流淌。

这是举起的双手,强健而有力,手托起的是一个生命,是孩子。当缆车坠落,父母用他们的双手高举着孩子,父母辞世,他们手中的孩子却继续拥有父母给予的两次生命。

那双手,没有特别之处,但它是举得最高的,是支撑的最有力的,他所赠予的是生命,是世上的一切。那双手曾在少年时牵引我们走过马路,他将我们的手握得很紧,生怕我们在马路上乱跑,生怕我们挣脱开,那双手曾在我们学生时代抚摸我们的头,他给予我们温暖,自信和鼓励,它告诉我们:"不错,继续加油!"那双手曾在我们成人之际挥别,当我们长大,离开父母,挥别的手便是父母对自己永远的关怀和挂念。

这是张开的翅,在烟火缭绕的森林中勇敢张开的翅,它的下面是小鸟,是尚未长大,尚未会飞翔的小鸟。

火灾来临,会飞翔的母亲并未丢弃她的孩子,而是用自己的身体包着孩子的身体,用自己的身躯为孩子挡住熊熊烈火。生命换生命,它毫无怨言,它的双翅便是孩子生命的蓝天。它,为孩子遮风挡雨,让狂风暴雨下,孩子们还可以享受温暖,宁静;它;为孩子们抵挡敌害,当老鹰冲下来,它为孩子竖起保护的屏障,让翅下的孩子免受攻击;它是温暖的怀抱,是幼鸟的依靠,是爱的蓝天……

　　背影因为爱而感动,双手因为爱而坚强,翅膀因为爱而博大。这种爱便是亲情,便是超越一切,甚至超越生命的亲情。

魔力悄悄话

　　我们身边都存在着亲情,我们无时无刻不享受于亲情的海洋中,可又有多少人懂得这份亲情,回报了这份亲情呢?

感恩亲情

萧伯纳这样一句格言:"人生不是一支短短的蜡烛,而是我们暂时拿着的火炬,我们一定要把它燃得十分光明灿烂,然后交给下一代人们。"起先并不理解,当参加学校开展的"家庭——学校互动教育"时,这句话再次闪进我的脑海。我仿佛看到一支支光明灿烂的火炬正在传递。萧伯纳从最深处道出亲情的真谛。

我们常说:"我们的生命历程融进了亲情的每一朵浪花,每一组旋律,每一句叮咛,每一声欢笑,每一个眼神,每一步足印……"然而天下第一情绝不仅指呵护,更重要的是教育,使智慧之炬的传递。

记得父母教导我们时,常说:"我们吃的盐比你们吃的米还多,我们过的桥比你们走的路还长。"而我们总是那般年少轻狂,不以为然。我们忽略了当岁月无声溜走时在他们面庞和两鬓留下了痕迹,自然也会有许多无价的智慧经验在他们心田积淀。他们总愿意对我们倾其所有,而我们总固执地认为这已不合时宜。便像初生牛犊般的乱闯乱撞,直至遍体鳞伤,犄角流血,然后奔向他们,头枕他们的臂膊,舔舔伤口,又继续前行。

家庭——学校互动教育,在家长与学生之间架起一座桥梁,家长们走上讲台侃侃而谈,谈他们学生时代的学习方法,谈他们的工作经验,谈他们如何与陌生人相处,谈他们对我们前程的期望与信心,谈他们对我们的理解……他们将无价之宝授予我们,将燃烧得无比灿烂的火炬传给我们。我们怀着感激的心接受这一切,听他们的一席话,远胜于读十年书,受益匪浅。我们怀着细腻的心感受着一切,感受亲情的无私与毫无保留。充满睿智的家长,在我们心中他们的形象是如此的伟岸。同时我们也惊喜地发现,他们渴望理解我们,也渴望被我们理解。其实大家可以成为知己。

亲情是荒寂沙漠中的绿洲,当你落寞惆怅软弱无力干渴病痛时,看一眼已是满目生辉,心灵得到安慰,于是不会孤独。便会疾步上前,只需一滴水,滚滚的生命汪洋便会漫延心中。

亲情是黑夜中的北极星。曾经我们向目标追逐而忽视它的存在，直至一天我们不辨方向，微微抬头，一束柔光指引我们迈出坚定的脚步。

亲情是航行中的一道港湾，当我们一次次触礁时，缓缓驶入，这里没有狂风大浪，我们可以在此稍作停留，修补创伤，准备供给，再次高高扬帆。

感恩亲情，感恩父母，是父母给了我们生命，是父母抚养我们长大，如果说，父母是春天的阳光，那我们便是初春的小草，小草在阳光的照射下突破泥土，我们在父母的爱抚下茁壮成长，草离不开阳光，我们离不开爸妈。

感恩亲情，感恩父母，是父母给了我们幸福，是父母建造这美丽的家，如果说父母是海洋，那我们便是海中七彩的浪花，浪花在大海的辅佐下一次次的冲向美丽的地面，我们在父母的爱下幸福欢歌，浪花离不开海洋，我们离不开爸妈。

感恩亲情，感恩父母，是父母用辛勤的汗水哺育了我们，是父母用苦口婆心的话语教育了我们，如果说，我们是天使，那父母是天使的守护者，或许天使有一天会长大，有一天会飞走，但它会永远记着像绿荫一样的守护者。

父母的风景，我们的梦，是父母这一亮丽的风景装点了我们七彩的梦，我们的梦因它而精彩，但有一天，它会因我们的梦而骄傲。

因为亲情是伟大的，因此我们感恩亲情。同时我们也感恩老师的用心栽培，"阳光工程"为我们搭建了展示自己多方面才能的舞台；亲情教育更让我们懂得尊孝礼仪。他们启发我们中秋节时写了那份"抵万金"的家书，向父母献一份问候，道一声感谢。是他们精心准备了这次家长与子女沟通的活动，他们既谆谆教导我们，又时常与我们进行心与心的沟通，这是恩情与友谊的交融。所以我们不仅感恩亲情，也感恩师生之情。

魔力悄悄话

世界上最伟大，最坚强的爱莫过于父爱母爱；世界上最温暖的情莫过于血浓于水的亲情，或许友情会变质，爱情会叛变，但亲情却永恒，天地不变，亲情就不变。

呵护亲情

人来到这个世界上,最先接触到的就是亲情了。大多数的人都是在亲情的呵护下长大的,从一个懵懂的婴孩儿到一个能够独自面对世界的个体,一直都有着亲情的陪伴并开始逐渐地把它视为一种习以为常的东西而忽视它的宝贵,如同空气和水之于生命一般。所有这样的人都可以说是幸运的。也有些人却生来就没有这样的幸运,以至于在之后漫长的人生中总是对这一缺失的亲情怀有异常强烈的情感。很多东西对于人生都是可有可无的,但缺失亲情的人生该是何等的不幸和让人哀伤啊。

也许,对亲情的渴望和珍视是源自每个人内心的,这种情感在现实生活中会特别地针对某个人或某些人表现的异乎强烈。亲情是一种情感,而情感是需要有所寄托的。身边的很多人都会因为失去某位亲人而表现出长久的哀痛和思念,仿佛心中的那份情感再也无处安放,仿佛总有一种隐隐的痛楚挥之不去的在心头激荡。

无论亲情、友情或是爱情,人类的任何情感都会对人心产生或积极或消极的影响,给人带来对幸福与快乐的渴望,同样也带来痛苦与绝望的感受,一切都只不过是心念一时的取舍。面对这样的处境,有的人选择了与所有这些牵绊人心的情感保持距离,成为了别人眼中一个冷漠的人;有些人则选择了肆意地沉浸于诸多的情感之中,成了一个别人眼中和善的人。成为怎样的一个人,同心灵有关,同人生的际遇也有关,并不完全取决于任何单一的因素,因此,又何必总是以一种不宽容的态度去对待别人呢。诚然,现实的社会中存在太多的理由让我们以一种戒备的心态去面对接触到的人和事,固然这样方式让我们较少的受到伤害,但也同样失去了很多。这是一个让人无奈的时代,也许这样的无奈曾经以往每个时代的人都有,只是程度和对象有所不同罢了,更也许这样的无奈源自生命,根本就同外在的世界无关。

诸多情感之中,唯有亲情是最为牢固的,也是我们在孤独与绝望的处境中最渴望拥有的慰藉。人生中值得每个人去珍视的东西并不多,当我们拥有这些的时候也许并不能意识到其可贵,可是当我们失去这些的时候该怎么办,当我们确定的知道我们注定终究失去这些的时候又该怎么办?我们眼睁睁地看着那样一天的到来却无能为力,我们只能眼睁睁地看着那样一天的接近,看着我们最珍视和宝贵的东西从我们生命中无可挽回的永远消失,除了忍受,我们还能做些什么?如果注定了要失去,又何必拥有?也许生活的意义正是在于此,懂得如何对待失去,从而明白如何珍惜拥有。

魔力悄悄话

　　一个身处喧嚣的人,也许依然是个孤单的人,一个孑然一身的人,也许并不影响他成为一个自得其乐的人。对于每个人,重要的是懂得什么才是能给心灵以慰藉的东西。

牵手亲情

在生活中,仿佛有一条鞭子驱赶着人们不停地追逐利益,追求成功。人也仿佛是一只陀螺,在追求成功的道路上不停地旋转,不肯或无法停下来陪陪自己的亲人。

事业和成功的疏离成了一种通病。有人在临死的时候才领悟到缺乏亲情的成功是不圆满的,没有亲情伴随的事业是有缺陷的。事业应该和亲情携手同行。

成功的事业是为了人生的成功,一个没有亲情的人生绝对是一个失败的人生。

亲情和事业是人生的两翅,缺了任何一翼生命都不会飞升。"人"之所以能站立,需要两个支点,这两个支点,一是事业,一是亲情。否则人就会倾斜,甚至翻转倒塌。

任何事情都分精神与物质之区别。人,无奈于在精神和物质之间做选择。二者共存,但却摩擦甚多。如何去把握二者之间的尺度,就是人生之大事,如若把握得不好,则会令人生有所欠缺。

利弊选择:亲情无可厚非,是精神支柱;事业,也确实是物质追求。无论哪个方面,都该是重要的。但,事业是属于后天造成,不是天生就有,而是需要努力去追求的;亲情,是与生俱来的。

事实上事业与感情该是成反比的。事业越好,在感情的各个方面则差,感情越好,在事业上就会有所差异。正因为如此,毛泽东才会每个礼拜天接女儿回家和女儿一起吃红烧肉,为的是给女儿一分关爱;正因为如此,许世友才会临终前嘱言把自己埋葬在母亲的身边,为的是给遗憾的母亲一分慰藉;正因为如此,巴金才会在最艰难的时候也跟肖珊厮守在一起,为的是让她有一份依靠。

他们都是成功人士,但他们都在追求成功的同时,伸出一只手,携住亲情,和亲情同行。

亲情力——可怜天下父母心

亲情，是一种关爱，这个世界如果没有关爱将何以忍受；亲情是一种责任，是你对最爱你的人的一份承担；亲情是一份回报，羊有跪母之报，作为万物之灵的人，怎么能将这份厚厚的回报置之脑后呢？

在追求事业的同时，千万不要把亲情置以脑后。

事业，请伸出手，牵住亲情，和她携手共行。

魔力悄悄话

如果说，事业是一座山，那么亲情是流水，山环山绕才是一道完美的风景线；如果说，事业是白雪，那么亲情是太阳，红装素裹才分外妖娆。

回报亲情

亲情是什么？亲情是春天的种子，是夏天的清凉，是秋天的果实，是冬天的温暖。

亲情是什么？亲情是喧嚣世界外的桃源，是汹涌波涛后平静的港湾，是无边沙漠中的绿洲，是寂寞心灵中的慰藉。

亲情是什么？亲情是你迷航时的灯塔，是你疲倦时的软床，是你受伤后的良药，是你口渴时的热茶。

亲情是什么？亲情是"马上相逢无纸笔，凭君传语报平安"的嘱咐，是"临行密密缝，意恐迟迟归"的牵挂，是"来日倚窗前，寒梅著花未"的思念，是"雨中黄叶树，灯下白头人"的守候。世间最无私的，无过于亲情，世间最博大的，无过于亲情。

一说到亲情，人们眼前浮现出的是一些温馨的画面：母亲伸着双手跟着蹒跚学步的孩子，满脸的喜悦中露出甜蜜的紧张；风雨中雨伞呵护着孩子，父亲的身子虽被淋湿依然笑声朗朗；月夜下奶奶教孙孙数天上永远也数不清的星星，讲总也讲不完的神话传说……

耳边萦绕不散的是"摇啊摇，摇到外婆桥""常回家看看"的悠扬歌声和"慈母手中线，游子身上衣""独在异乡为异客，每逢佳节倍思亲"的千古吟咏。

可是，今天的孩子面临过多的呵护，使他们习惯了来自亲人的爱，觉得亲人为自己付出都是理所当然的，很少想到为亲人付出自己的爱，更不会想到用自己爱回报亲人，逐渐丧失一颗敏锐感受生活，感悟亲情的心。

是时候懂得感悟亲情，并学会回报亲情了！

当我们看到父母亲手为我们，做了一顿饭，应该对他们说一声"谢谢"，当我们看到累了一天的父母，应该说一声"您辛苦了"。虽然，这对我们来说，只是一些只言片语，而父母们却能感受到我们对他们深深的爱意。

这种和谐的亲情更始人感到温馨。

亲情力——可怜天下父母心

亲情,是一盏明灯,给浪子回头照亮了道路;亲情,是一个避风港,给漂泊的游子一个平静的港湾;亲情,是一碗心灵鸡汤,给受伤的心灵一声呵护;亲情,也是一把利剑,给不知悔改的人一招力劈华山。

魔力悄悄话

亲情就是人类心灵最深处,无法磨灭的烙印,就是人类最纯洁,最真挚,最热情的感情的升华。

第十章 亲情的力量

　　每个人的一生都是一张资产负债表。一项资产的获得,总是通过另一项资产的减少或者负债的增加来实现的。人们总是习惯于以拥有资产特别是物质资产的多少,来判断人生的成败,却忽略了资产与负债总是如影随形。

　　父母,是我们一出生就获得的原始资产,相应地,我们也迎来一项长期负债,它叫做赡养;有的人可能还拥有另一项资产就是兄弟姐妹,与此相应的债务叫做照顾;然后是朋友,它带来的负债是守望相助,但有时也会是背叛。

感知幸福的能力

幸福是人人都想追求的东西,然而,幸福是什么? 幸福又在哪里? 却不是人人都清楚的问题。

做个有心人,你便有了感知幸福的能力。

幸福是人类追求的终极价值,就是生活得更好,它不是短暂的快乐,而是一种持久的愉悦。这是从理论上的认识,确实可以解释幸福的真谛。而对生活在现实中的个人而言,幸福更多的是直觉,隐藏在日常的琐碎中,需要我们去创造,去分辨,去感受。通常在我们东张西望的时候,幸福就从我们平淡的生活中悄悄地流过了。于是我们需要一些感受幸福的能力。

有很多幸福的瞬间记忆让人一下子感觉到永恒,龙应台在《目送》中写到自己目送安德烈的背影时说:"所谓的父女母子一场,只不过意味着,你和他的缘分就是今生今世不断地在目送他的背影渐行渐远。你站立在小路的这一端,看着他逐渐消失在小路转弯的地方,而且,他用背影默默告诉你:不必追。"

这是一种人生的感悟,又何尝不是一种幸福的描述。如果那个背影是你,你的感觉应该是一种幸福。

魔力悄悄话

只要你有心,就有了感受幸福的能力。不信你试试,看看你的周围,想想亲情友情爱情,自己和家人健康平安,是不是很有幸福感?

人生幸福的根基

对家人和气,可以增进家庭的融洽;对家人体贴,可以让关系更亲密;对家人尊重,可以使生活充满欢喜。然而,对待家人,我们却习惯成自然地不懂礼貌,不会温柔,不是大呼小叫,就是懒得搭理。因为太过熟悉了,而不知珍惜,这实在是极为错误的心态。其实,与家人的关系,是这世上最该珍惜的情感!许多人却忽略了。所谓,家和万事兴,家庭的和谐,才是我们人生幸福的根基。

家和幸福:珍惜与家人的关系,温柔和气对待亲人。

"你快点行不行!? 大男人这么会磨蹭,像个老婆子!"

便利商店内柜台前,妇人对抱着儿子选购饮料的丈夫吼叫,转过身却软了嗓:

"先生,请帮我挑三个茶叶蛋,要入味一点的喔!"类似的情景应该常看见。

比如,丈夫在外活跃又健谈,被公司的女同事们封为幽默高手,回到家,却成了自闭症患者,不是盯着电视,就是看着报纸,对妻子的说话充耳不闻,或呵斥闭嘴。

观察发现,这样"里外不一"的情形在多数人身上、多数家庭里头都会发生,或是惯性,或属偶发,并且被"公然"接受。就像你遇见在争吵的夫妻,丈夫或妻子转过脸望见你时,会露出招呼的笑脸,回过头又继续争吵,那么地自然。

对待家人,我们习惯成自然地不懂礼貌,不会温柔,不是大呼小叫,就是懒得搭理。因为太过熟悉了,而不知珍惜,这实在是极为错误的心态。

对同事和气,可以增进工作场所的融洽;

对朋友体贴,可以扩展自己的人际;

对上司尊重,可以利益自己前程。

却不细想:对家人和气,可以增进家庭的融洽;

对家人体贴,可以让关系更亲密;

对家人尊重,可以使生活充满欢喜。

与家人的关系,是这世上最该珍惜的情感!许多人却忽略了。

一名死刑犯临死前说了:"我很敬爱我老爸!可是我从没对他这样说,我总是不理他的教训,在他指责我时瞪着他,跟他耍流氓!我其实很爱他,很感谢他从来没放弃我,但我这一生,自懂事以来,只在他快要病死的时候抱过他一次,就只那一次,我没惹他生气!"

你呢?

总是对老妈嘟囔肚子饿啦?袜子找不到啦?

总是对老爸呼喊机车坏了?没零用钱了?

总是对儿女教训没个好样?别给我丢脸?

错了!赶快,换个口气、态度表达看看!绝对会有好的感受与获得,你的生活将因此更美好!

魔力悄悄话

要自知苦恼,才不会拒苦事;

要自知薄福,才会惜福种福;

要自知不会修行,才会虚心学习。

珍惜生你养你的人

请珍惜生你养你的人,好好爱他们。

如果有一天,生你养你的两个人都走了,这世间就再没有任何人会毫无保留地真心真意地疼爱你了。所以,孩子们啊!当你们再去回忆和父母在一起的一点一滴的时候,是不是会泪流满面?是不是在父母的坟前哭得肝肠寸断?

没事的时候要常回家看看,看看父母。他们只需要你们回家而已,别把时间都花费在娱乐上面,那些娱乐场所的朋友不值得你去深交。请记住,酒吧不是你的家,KTV 也只是消遣而已。别让父母眼睛望穿了,却还看不到你们。

父母与子女的关系是血浓于水的亲情。还有哪种情会比父母之情来得深厚?想必很多子女对父母的感情都没有父母对待子女的一半深厚吧。

孩子们啊,你们光光地来到了这个世界上,从小到大,父母为你们洗过无数次的澡,为你们洗过无数次的衣服;你们不会走路,他们牵着你们的小手过马路;你们不吃饭,他们就喂饭给你们吃,等到把你们喂饱了,饭菜都凉了。但你们呢?你们为父母洗过什么呢?你们为父母做过什么呢?

父母在世的时候,多留点笑容与安慰给他们。还有谁的恩情可以大过父母?还有谁的关怀可以大过父母?是谁在你病重的时候抱你去医院?那还不是父母!你们难道以为还有其他人在你病重的时候会带你去医院吗?别傻了!我敢保证,除了父母,没有人会为了你的病急得饭也吃不下,觉也睡不好。

父母是唯一不会抛弃子女的人,任何人都会抛弃你,但父母不会。所以,孩子们啊!别和父母闹矛盾,有话好好说,他们会谅解你。孩子们啊,别难过了,别傻了。你们做错了事,父母是不会跟你们计较的。父母对子女的情感大过天啊!

如果有一天,生你养你的两个人真的走了,他们再也不会说话了,再也不会喊你们的名字了,再也不会和你一起吃饭了……那么,乖孩子,我们擦干泪水,我们不哭,我们要勇敢,我们要坚强。人总是要走的,我们要乖,要听话。

如果有一天,生你养你的两个人都走了,那么,我们也就不会有遗憾了,因为父母在世的时候,自己已做了该做的。

魔力悄悄话

没事的时候要常回家看看,看看父母。他们只需要你们回家而已,别把时间都花费在娱乐上面,那些娱乐场所的朋友不值得你去深交。

人生的角色

刚出生的孩子，其角色不过是父母的子女、祖父母和外祖父母的孙辈，角色定位简单纯粹。

6年后，上了学，等于一脚踏进了大社会，"角色"就多了，可能是班长、副班长、学习委员、劳动委员、组长、科代表等，最不济的也有一种新身份：学生。这样的"角色"定位一直要维持十多年，一直到大学毕业。毕业了，班长、副班长……这些"角色"尽数退去，但新"角色"紧接而上，可能是股长、科长、处长、局长……当然，男大当婚，女大当嫁，你还有新"角色"：丈夫或妻子，女婿或媳妇，父亲或母亲。人生似乎进入深水区，层出不穷的"角色"降临到你的头上，如果你取一支笔，花点时间列举一下你身上的"角色"，也许你会大吃一惊，怎么会有那么多啊！

有位老画家的名片正面写满了头衔，背面接着写，最后还有附言：另还担任老年协会、健康联谊会等群众组织理事。老画家的名片很琐碎，但也真实。看看他的名片，他的人生脉络大概就在上面了。而更多的人，名片上只印一个最重要的角色，自然是官职，这样直奔主题也好。

人总是在亲人们最后的"角色"名称呼喊之下，离开这个世界的。那些曾经你自豪过的、荣耀过的、印在烫金名片上的"角色"，只有在冰冷的悼词中才有。

魔力悄悄话

人生的角色就像橄榄球，两头小，中间大。人生走到最后，总是最后的几个角色最温馨：老伴、爸爸、妈妈、爷爷、奶奶……

你的人生净资产

每个人的一生都是一张资产负债表。一项资产的获得,总是通过另一项资产的减少或者负债的增加来实现的。人们总是习惯于以拥有资产特别是物质资产的多少,来判断人生的成败,却忽略了资产与负债总是如影随形。

所有的资产负债表第一项都是相同的,那就是令人又爱又恨的"钱"。可惜很多人只看到这第一项,就对报表的主人下判断,称此人为穷人或富人,却看不到这项资产增多之下所背负的债务,比如辛劳、风险、担心,甚至犯罪;或者另一些无形资产,比如与家人团聚和娱乐时间的减少。

父母,是我们一出生就获得的原始资产,相应地,我们也迎来一项长期负债,它叫做赡养;有的人可能还拥有另一项资产就是兄弟姐妹,与此相应的债务叫做照顾;然后是朋友,它带来的负债是守望相助,但有时也会是背叛。

爱人,这是我们人生的一个最大的抉择。拥有这项资产的意义非同小可,其影响类似于两家企业合并,因为资产增加了一倍,但负债也增加了一倍。

此外它还衍生出更多的资产和更多的负债,比如激情、快乐、亲密、稳定,再比如磨合、冲突、担心、放弃一定的自由和自我。

再随后就是子女,这更是重量级的资产,同时也是重量级的负债——可能是你后半生最大的操劳和牵挂。

老人都喜欢把省心的小孩叫做"还债"的,而把那些让父母操碎心的小孩叫做"讨债鬼"。

有些人的资产负债表上还会有丰富的人生阅历,与之相伴的负债自然是大量的磨炼,或许有远离故土的孤独。

还有健康,这是每个人都需要的基本资产,当然由坚持锻炼这项负债来维护其平衡。

亲情力——可怜天下父母心

正如企业有大小，人生的资产负债也各不相同。有人平静地度过一生，资产和负债都较少；也有人波澜壮阔，拥有大量的资产和大量的负债。

其实，判断人生的不是资产，而是资产减掉负债的剩余，那才是我们的净资产。

魔力悄悄话

我们可以通过增加自己的无形资产，来使人生充满盈余。这些宝贵的无形资产就是平衡的心态、宽容、感激、善良、乐观、努力……

幸福不在拥有多少

幸福不在拥有多少,而在有温暖的心。

每个人都想拥有幸福的生活,我们应该幸福。我们过得好与不好,评判的标准也取决于是否幸福。

谈到幸福的时候,我们首先想到的是自己和家人,因为这是幸福的基本单位。

每天都能感觉到生活之乐的人是幸福的。一位母亲为儿媳挑选漂亮的茶具,制作小菜,拥抱孙女,从中体会每天的幸福。疼爱儿媳的心滋生了幸福的感觉。

另一种幸福来自与同事、邻里的关系。一位母亲盼望孩子父亲退休之后回到故乡,腌制美味的豆酱,分给亲朋好友。她甚至已经取好了名字,"松风净水 XX 豆酱"。

能让别人幸福的人,自己也会感到幸福。

现代人常常把比别人更有钱、拥有更多当作幸福的标准。价值数十亿的住宅,上亿元的汽车,几亿元的某某会员权,拥有这些才能感到满足。幸福很主观。不能简单用一句话概括,然而幸福绝对不仅限于大和多。

哪怕只是拥有很少或很小的事物,也心存感激和满足,这样的人就是幸福的人。现代人的不幸并不是因为缺少,而是因为拥有太多。不足得到弥补,就会感激和满足,不过拥有太多却不可能让人感激和满足。

我们的不幸不在于我们拥有得少,而是因为我们失去了温暖的心灵。要想不失去温暖的心灵,就要和周围的人们交流。不仅如此,我们还要学会和动植物交流。

英国有句俗语:认为自己幸福的人最幸福。这话没错。反过来也可以说,认为自己不幸的人最为不幸。所以说,幸福和不幸并非外界赋予的,而是由自己创造的。

生活在相似的条件下,有人感激而满足,过着快乐的生活,有的人却牢骚满腹,过着阴暗而粗劣的生活。

问问自己,我幸福吗? 我不幸吗? 不用多说,我们肯定希望自己站在幸福的队列里,而不想加入不幸的行列。那么,我们就要在自己的内心里创造幸福。

幸福要与邻人分享,不幸要踩在脚下。我们必须幸福。

魔力悄悄话

这个世界上不存在永恒,一切都只在转瞬之间。活着的时候就要和身边的人们友好相处,只有这样才能不失人的本分,遵守做人之道。